51CTO学院丛书

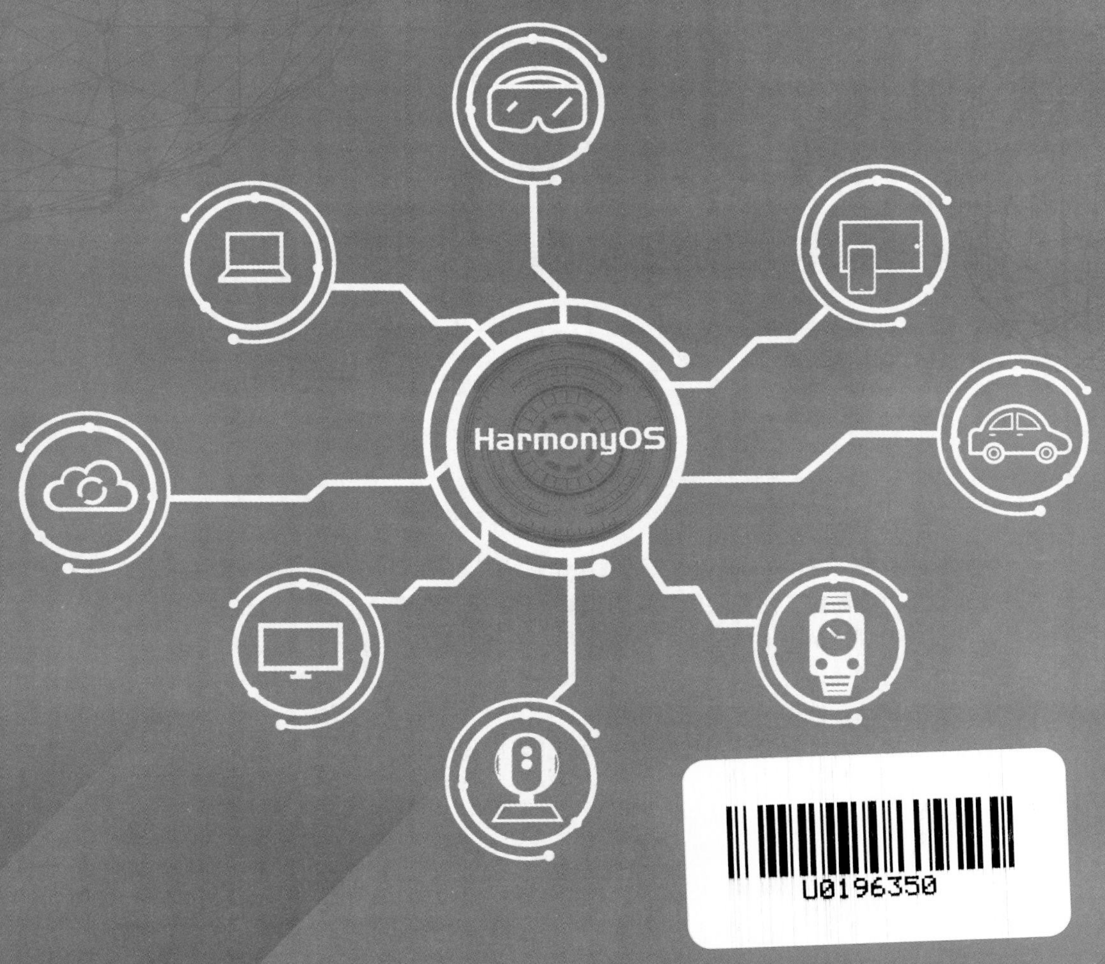

鸿蒙应用开发实战

张荣超◎著

人民邮电出版社
北京

图书在版编目（CIP）数据

鸿蒙应用开发实战 / 张荣超著. -- 北京 : 人民邮电出版社, 2021.1(2021.8重印)
ISBN 978-7-115-55287-7

Ⅰ. ①鸿… Ⅱ. ①张… Ⅲ. ①分布式操作系统－系统开发 Ⅳ. ①TP316.4

中国版本图书馆CIP数据核字(2020)第223651号

内容提要

本书详细完整地介绍了在 HarmonyOS（鸿蒙操作系统）2.0 上开发一个呼吸训练 App 的全部工程。

本书分为 3 章，内容涵盖了鸿蒙操作系统的简单介绍、开发鸿蒙 App 项目的准备工作，以及为鸿蒙操作系统开发一个呼吸训练 App 的全过程。本书采用项目导向和任务导向的方式讲解，分成 36 个任务，每个任务都分成 3 部分——运行效果、实现思路、代码详解。本书手把手地对编写的每一行代码进行讲解，确保读者看完本书后，能做出一个完整的项目。

本书适合对在鸿蒙系统上开发应用程序感兴趣的读者阅读学习。

◆ 著　　　张荣超
责任编辑　傅道坤
责任印制　王　郁　焦志炜

◆ 人民邮电出版社出版发行　　北京市丰台区成寿寺路 11 号
邮编　100164　　电子邮件　315@ptpress.com.cn
网址　https://www.ptpress.com.cn
北京市艺辉印刷有限公司印刷

◆ 开本：800×1000　1/16
印张：14.5
字数：329 千字　　　　2021 年 1 月第 1 版
印数：8 501－9 500 册　　　　2021 年 8 月北京第 5 次印刷

定价：79.00 元

读者服务热线：(010)81055410　印装质量热线：(010)81055316
反盗版热线：(010)81055315
广告经营许可证：京东市监广登字 20170147 号

关于作者

张荣超，华为公司官方认证的首批 HarmonyOS（鸿蒙操作系统）课程开发人员，曾就职于 HTC、联想、阿里巴巴，先后担任过资深软件开发工程师、项目经理、产品技术主管等职位。他是 51CTO 学院的金牌讲师、Sun 公司认证的 Java 工程师和 Java Web 工程师，以及 Scrum 联盟认证的敏捷项目管理专家。此外，他还是在线知名系列课程《图解 Python》的作者。

致　谢

感谢我的家人，为我完成本书给予了无尽的支持、爱与奉献。

感谢 51CTO 鸿蒙技术社区的大力引荐，让我有机会能在第一时间参与鸿蒙技术的教育培训和课程开发。感谢 51CTO 鸿蒙技术社区的宋佳宸、王文文、王雪燕、赵克衡，在我学习鸿蒙系统、开发鸿蒙课程以及推广鸿蒙课程的整个过程中提供了大力的支持和帮助。

感谢华为公司的于小飞和谭景盟，在我录制鸿蒙课程的时候提供了大力的支持和帮助，为本书的顺利完成奠定了坚实的基础。

感谢华为公司编程语言实验室的项目经理王学智，为本书部分技术要点的写作提供了宝贵建议。

感谢学员负云龙的大力支持和协助，他帮我编写了很多示例 demo 和分析，而且给予了很多有建设性的建议。

前　言

2020年9月10日，华为公司在2020年华为开发者大会上发布了HarmonyOS（鸿蒙操作系统）2.0版本。鸿蒙操作系统是一款面向全场景的分布式操作系统。鸿蒙操作系统不同于既有的Android、iOS、Windows、Linux等操作系统，它面向的是1+8+N的全场景设备，能够根据不同内存级别的设备进行弹性组装和适配，并且跨设备交互信息。

如果开发人员想要开发基于鸿蒙的 App，目前可用的平台有 3 个：TV、Lite Wearable、Wearable。

如果我们开发的是TV或Wearable上的App，那么目前华为还没有开放基于X86的本机模拟器，因此需要将编写的代码发送到远程的ARM处理器以运行代码。在本机上只能预览运行结果，而无法运行和调试代码。

如果我们开发的是Lite Wearable上的App，那么既可以使用本机的预览器Previewer来预览代码的运行效果，也可以使用本机的模拟器Simulator来运行和调试代码，这给开发人员带来了相当出色的体验！此外，Lite Wearable对应的华为智能手表Watch GT2 Pro已经上市了。在Lite Wearable这个平台上，相关的设备和开发工具是最成熟、最完善的，因此，本书详细讲解的项目是在Lite Wearable上运行的。本书会跟随华为鸿蒙产品和开发工具包的发布节奏，在后续的版本中不断更新和扩充相应的实战项目。

本书详细、完整地介绍了一个呼吸训练 App 的开发全过程。本书采用项目导向和任务导向的写作方式讲解，总共分为36个任务，每个任务都分成3部分，包括运行效果、实现思路、代码详解。本书对编写的每一行代码进行讲解，可以说做到了手把手教学和保姆级教学。当读者看完本书最后一页的时候，也就跟随作者成功做出了一个完整的项目。

本书读者对象

本书面向想要学习鸿蒙 App 开发的零基础开发人员。本书会对编写的每一行代码进行讲解，即便读者没有 JavaScript 的编程经验，也能在本书作者的一步步指导下完成书中整个项目的编写，从而实现项目的所有功能并将项目运行起来。

本书翔实地再现和还原了零基础开发人员在编写一个项目时的每一个过程和步骤，确保没有经验的开发人员也能够学会、学懂。

本书的组织结构

本书分为 3 章，主要内容如下。

第 1 章，“鸿蒙操作系统简介”，总体介绍了鸿蒙操作系统的两个重要特性，包括 1+8+N 全场景、分布式。

第 2 章，“项目准备工作”，介绍了开发鸿蒙 App 项目的准备工作，包括搭建鸿蒙 App 开发的环境、讲解在鸿蒙上开发的 Hello World 项目。

第 3 章，“呼吸训练实战项目”，从零开始完整而详细地介绍了运行在华为智能手表上的一个名为呼吸训练的实战项目。整个项目采用任务导向的方式，每个任务完成项目的一部分功能，每个任务包括运行效果、实现思路、代码详解 3 部分。当读者学习完最后一个任务时，就能完成整个项目。

资源与支持

本书由异步社区出品，社区（https://www.epubit.com/）为您提供相关资源和后续服务。

配套资源

本书提供如下资源：

- 本书源代码。

要获得以上配套资源，请在异步社区本书页面中点击 配套资源，跳转到下载界面，按提示进行操作即可。注意：为保证购书读者的权益，该操作会给出相关提示，要求输入提取码进行验证。

如果您是教师，希望获得教学配套资源，请在社区本书页面中直接联系本书的责任编辑。

提交勘误

作者和编辑尽最大努力来确保书中内容的准确性，但难免会存在疏漏。欢迎您将发现的问题反馈给我们，帮助我们提升图书的质量。

当您发现错误时，请登录异步社区，按书名搜索，进入本书页面，单击“提交勘误”，输入勘误信息，单击“提交”按钮即可。本书的作者和编辑会对您提交的勘误进行审核，确认并接受后，您将获赠异步社区的 100 积分。积分可用于在异步社区兑换优惠券、样书或奖品。

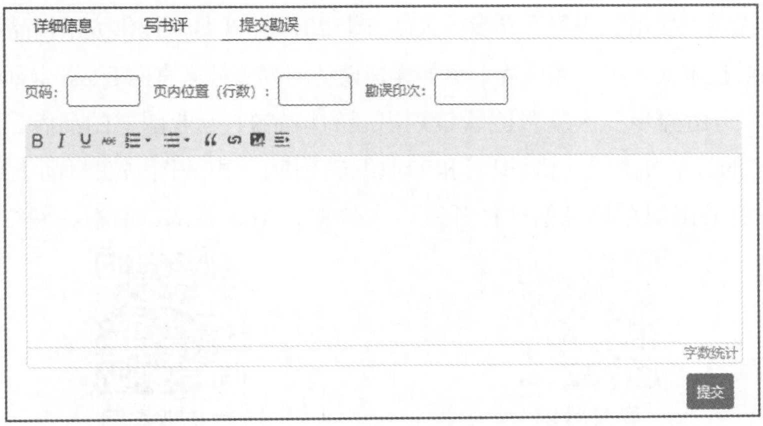

扫码关注本书

扫描下方二维码，您将会在异步社区微信服务号中看到本书信息及相关的服务提示。

与我们联系

我们的联系邮箱是 contact@epubit.com.cn。

如果您对本书有任何疑问或建议，请您发邮件给我们，并请在邮件标题中注明本书书名，以便我们更高效地做出反馈。

如果您有兴趣出版图书、录制教学视频，或者参与图书翻译、技术审校等工作，可以发邮件给我们；有意出版图书的作者也可以到异步社区在线提交投稿（直接访问 www.epubit.com/selfpublish/submission 即可）。

如果您所在的学校、培训机构或企业，想批量购买本书或异步社区出版的其他图书，也可以发邮件给我们。

如果您在网上发现有针对异步社区出品图书的各种形式的盗版行为，包括对图书全部或部分内容的非授权传播，请您将怀疑有侵权行为的链接发邮件给我们。您的这一举动是对作者权益的保护，也是我们持续为您提供有价值的内容的动力之源。

关于异步社区和异步图书

“异步社区”是人民邮电出版社旗下 IT 专业图书社区，致力于出版精品 IT 技术图书和相关学习产品，为作译者提供优质出版服务。异步社区创办于 2015 年 8 月，提供大量精品 IT 技术图书和电子书，以及高品质技术文章和视频课程。更多详情请访问异步社区官网 https://www.epubit.com。

“异步图书”是由异步社区编辑团队策划出版的精品 IT 专业图书的品牌，依托于人民邮电出版社近 30 年的计算机图书出版积累和专业编辑团队，相关图书在封面上印有异步图书的 LOGO。异步图书的出版领域包括软件开发、大数据、AI、测试、前端、网络技术等。

异步社区

微信服务号

目　录

第1章　鸿蒙操作系统简介

2020年9月10日，华为公司在2020年华为开发者大会上发布了HarmonyOS（鸿蒙操作系统）2.0版本。鸿蒙操作系统是一款面向全场景的分布式操作系统。鸿蒙操作系统不同于既有的Android、iOS、Windows、Linux等操作系统，它面向的是1+8+N的全场景设备，能够根据不同内存级别的设备进行弹性组装和适配，并且跨设备交互信息。

1.1　1+8+N全场景

就目前而言，基于硬件的生态是相互割裂的，无论是手机、手表、电视还是车机，都有各自独立的生态。这些割裂的生态影响了用户体验。用户期望能够打破单个设备的孤岛，获得多设备之间的无缝连接体验。未来几年，随着人均持有的终端设备数量越来越多，全场景体验将是赢取未来的关键点，为此，鸿蒙操作系统面向的是1+8+N的全场景体验，如图1-1所示。

1+8+N中的“1”指的是处于中间位置的手机，它是用户流量的核心入口。1+8+N中的“8”指的是手机外围的8类设备，包括PC、平板电脑、耳机、眼镜、手表、车机、音响、HD设备，这8类设备在人们日常生活中的使用率仅次于手机。1+8+N中的“N”指的是最外层的所有能够搭载鸿蒙操作系统的IoT（Internet of Things，物联网）设备，这些设备涵盖了各种各种的应用场景，包括运动健康、影音娱乐、智能家庭、移动办公、智慧出行等。针对运动健康这个场景，常见的设备有血压计、智能秤；针对移动办公这个场景，常见的设备有打印机、投影仪；针对智能家庭这个场景，常见的设备有扫地机、摄像头。之所以称之为“N”，就是因为它涵盖的应用场景非常广泛，可以说是无穷无尽的，这给我们提供了尽情发挥想象力和创造力的空间。

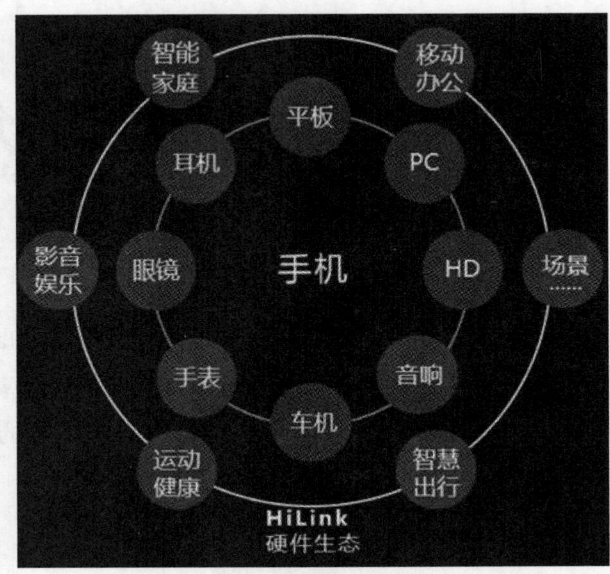

图 1-1　1+8+N 全场景

1.2　分布式

传统的设备是由设备内部的硬总线连在一起的，硬总线是设备内部的部件之间进行通信的基础。如果想让多个设备之间分布式地通信和共享数据，并让多个设备融合为一体，仅仅通过硬总线是很难实现的。

分布式软总线是实现分布式能力的基础，是多种终端设备的统一基座，它为设备之间的互联互通提供了统一的分布式通信能力，能够快速发现并连接设备，以及高效地分发任务和传输数据。

分布式软总线融合了近场和远场的通信技术，并且可以充分发挥近场通信的技术优势。分布式软总线承担了任务总线、数据总线和总线中枢三大功能。其中，任务总线负责将应用程序在多个终端上快速分发；数据总线负责数据在设备间的高性能分发和同步；总线中枢起到协调控制的作用，用于自动发现并组网，以及维护设备间的拓扑关系。

目前，分布式软总线在性能上已经无限逼近硬总线的能力，可以让多个设备融合为一体，如图 1-2 所示。鸿蒙操作系统的分布式软总线已经可以实现异构融合网络，比如使用蓝牙通信的设备和使用 WiFi 通信的设备可以互见互联，一次配网之后可以自发现、自连接。分布式软总线也可以实现动态时延校准，比如手机将视频分享给智慧屏，并且将音频分享给音箱，分享之后音视频依然是同步的。

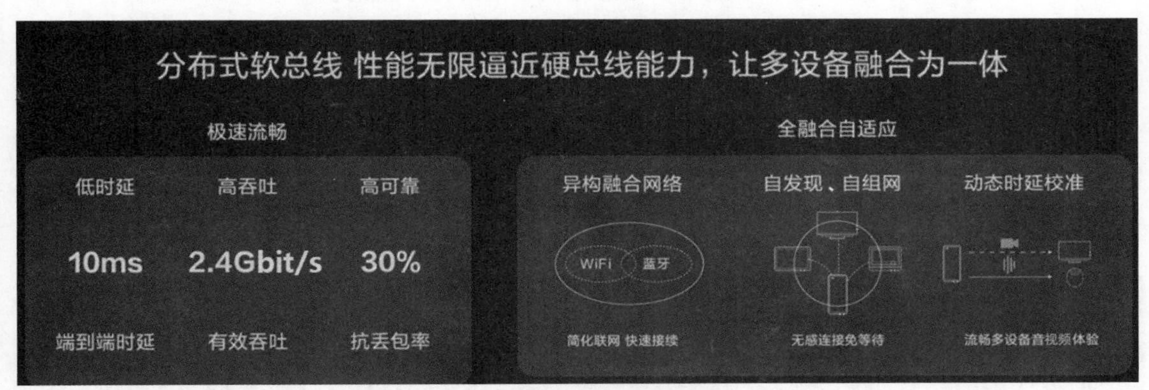

图 1-2　分布式软总线的性能

此外，分布式的数据管理让跨设备数据处理如同本地处理一样方便快捷，如图 1-3 所示。在鸿蒙操作系统的分布式数据管理能力下，在华为 5G 通信技术的增益下，硬件设备之间的界限将变得越来越模糊——一个设备可能会成为另外一个设备的子部件，或者多个设备成为一个整体设备，从而实现数据共享、算力共享、AI 共享。

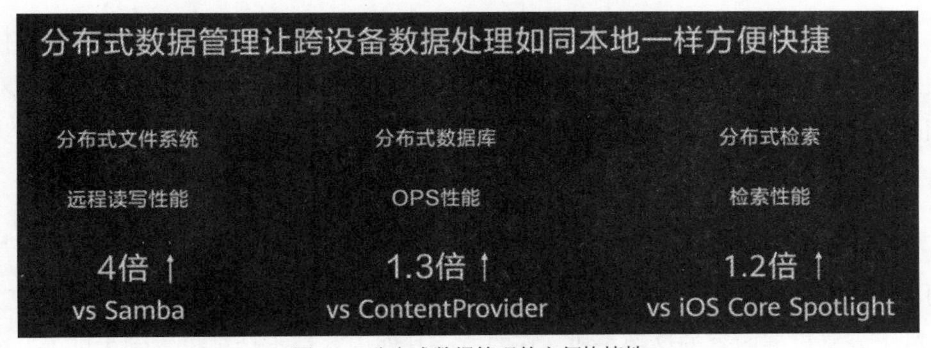

图 1-3　分布式数据管理的方便快捷性

分布式软总线和分布式数据管理等核心技术，使得搭载鸿蒙操作系统的设备之间方便快捷地进行分布式通信成为可能，从而让鸿蒙应用可以跨设备接续业务。下面列举几个典型的应用场景。

第 1 个应用场景是多屏联动课堂，如图 1-4 所示。学生参加远程课堂时，使用一个平板电脑与远程的老师进行交互，老师的画面显示在电视机大屏上。当学生需要回答老师的问题时，就像在线下的课堂回答问题一样，学生举手示意之后，老师把学生的投影显示在大屏上。学生在作答的过程中，大屏上会同步展示学生的作答过程，就像是学生在线下教室答题时全班的同学都能看到一样。当学生需要在线做主观题时，学生用笔在平板电脑上回答主观题，可以把回答主观题的整个过程同步展示到大屏上，这样老师就可以对学生做的主观题及时地做出评价并反馈给学生了。

图 1-4　多屏联动课堂

第 2 个应用场景是大屏多人体感游戏，如图 1-5 所示。目前在大屏上运行的很多体感游戏都需要使用游戏手柄。如何让这些体感游戏不再需要游戏手柄呢？可以让用户在玩游戏之前使用手机扫描一个二维码，这样，手机就会秒变游戏手柄。多个用户扫描同一个游戏的二维码之后，就可以通过手机上的体感传感器一起欢快地玩游戏了。

第 3 个应用场景是协同会议空间，如图 1-6 所示。在日常的工作中，当我们在会议室里讨论一个问题时，如果主讲人想把讨论的内容投影到大屏上，只需要使用手机扫描一个二维码就可以了。对于分享投屏内容的这部手机，它的所有其他内容都不会被投影到大屏上，这跟目前所有的投屏方式都是不一样的。如果想邀请其他人加入投屏内容的讨论，只需要分享一个二维码就可以让别人加入进来。这样的能力相当于让我们拥有了一块分布式的白板，从而让我们的讨论变得更加高效。

图 1-5　大屏多人体感游戏

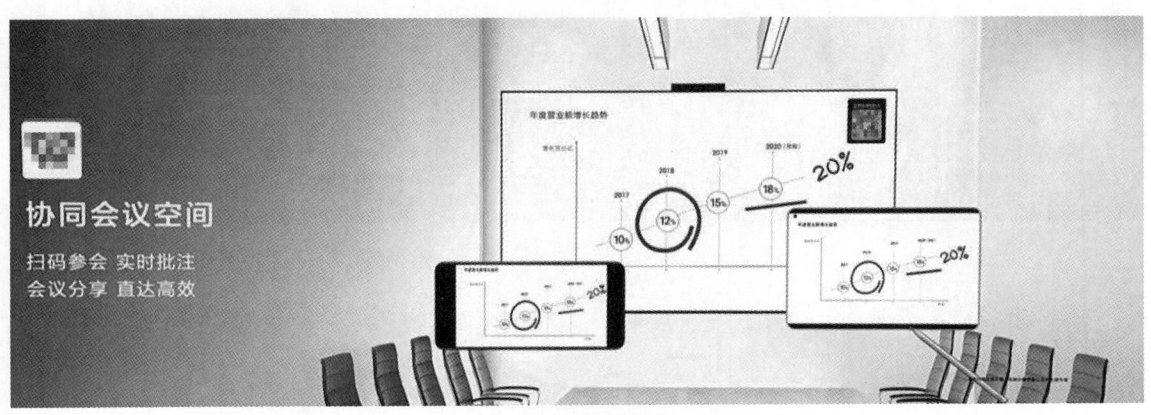

图 1-6　协同会议空间

第 4 个应用场景是协同导航，如图 1-7 所示。可以把手机的导航信息同步到手表上，这样就可以解放出双手，在户外运动时这尤其方便。

第 5 个应用场景是协同打车，如图 1-8 所示。当我们用手机打车之后，在等车时手上可能会拿着很多东西，如果不时地用手机查看车的当前位置信息，就会非常不方便。这时，就可以将手机上的所有打车信息都同步到手表上，从而将手解放出来去拿东西，而通过手表查看车的当前位置信息。当我们上车之后，手机上的所有目的地信息和支付信息也都会同步到手表上。

图 1-7　协同导航

图 1-8　协同打车

前面列举的几个典型的应用场景，基于全都搭载了鸿蒙操作系统的多个设备，可以非常轻松地实现。

1.3　小结

鸿蒙操作系统得益于全场景、分布式的特性，具有适用范围广、系统适配灵活、跨设备通信能力强的特点。

希望通过鸿蒙操作系统能够打造出中国软件的“根”！我们每一个人都可以为鸿蒙操作系统尽一点儿绵薄之力，哪怕只是沧海一粟！

未来 3 ~ 5 年，中国平均每个家庭的终端设备会增长到十几台，未来的市场会以万亿计。鸿蒙操作系统在未来 2 ~ 3 年是生态的成长期，这期间在各个领域都会出现巨大的机会。通过学习鸿蒙操作系统相关的开发（无论是软件开发还是硬件开发），我们都可以更多地参与这场千载难逢的生态变革。

从下一章开始，我们将从零开始完成一个鸿蒙 App 的实战项目，力争做到手把手教学和保姆级教学。当读者看完本书最后一页的时候，也就成功地做出了一个完整的项目。

第 2 章　项目准备工作

我们会在本章为后文的呼吸训练实战项目做一些准备工作，包括搭建鸿蒙 App 开发的环境、讲解在鸿蒙上开发的 Hello World 项目。

2.1　搭建开发环境

搭建鸿蒙 App 开发的环境包括两步：安装 Node.js；安装及配置集成开发环境 DevEco Studio。接下来详细讲解这两个操作步骤。

2.1.1　安装 Node.js

在浏览器中输入 Node.js 的官网下载链接：nodejs.org/zh-cn/download/，然后下载长期支持版的 64 位 Windows 安装包，如图 2-1 所示。

下载的 Windows 安装包以 msi 作为扩展名，如图 2-2 所示。

双击安装包即可开始安装，如图 2-3 所示。单击 Next 按钮进入下一步。

在新打开的窗口中，选中复选框以表示同意许可协议中的条款，如图 2-4 所示。单击 Next 按钮进入下一步。

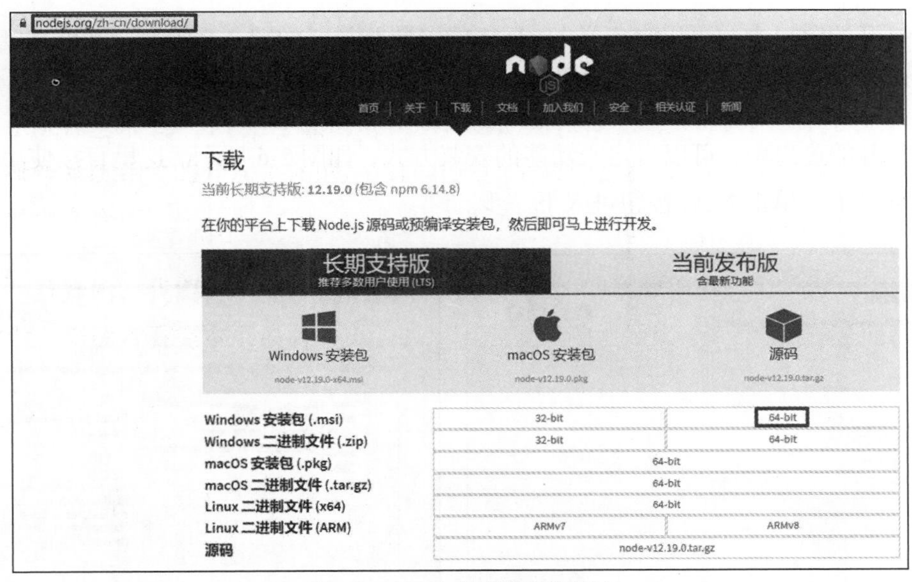

图 2-1　Node.js 的官网下载页面

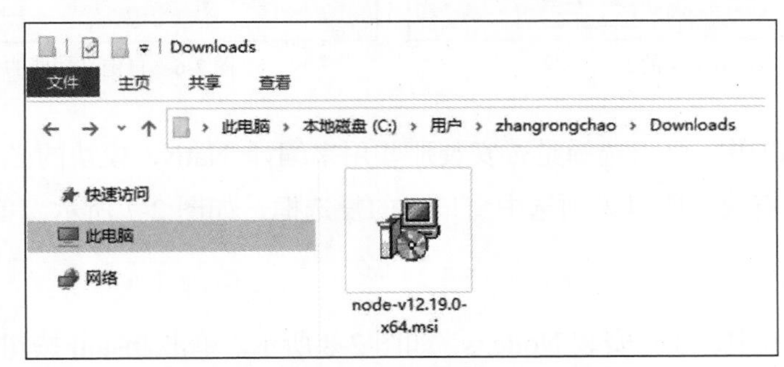

图 2-2　扩展名是 msi 的 Windows 安装包

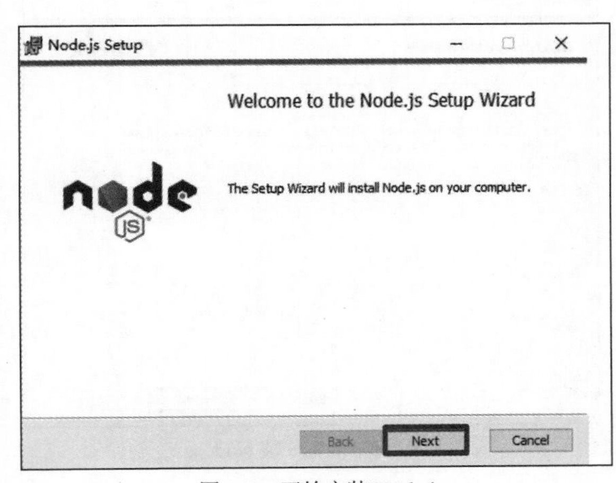

图 2-3　开始安装 Node.js

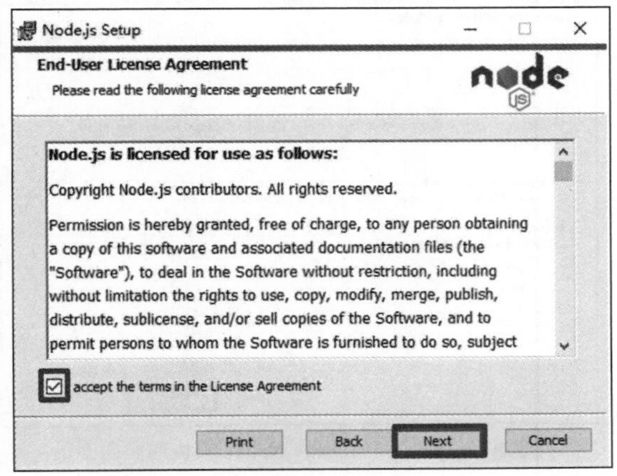

图 2-4　终端用户许可协议

在新打开的窗口中，可以自定义 Node.js 的安装路径，如图 2-5 所示。这里直接使用默认的安装路径就可以了。单击 Next 按钮进入下一步。

在新打开的窗口中，可以自定义功能的安装方式，如图 2-6 所示。这里直接使用默认的安装方式就可以了。单击 Next 按钮进入下一步。

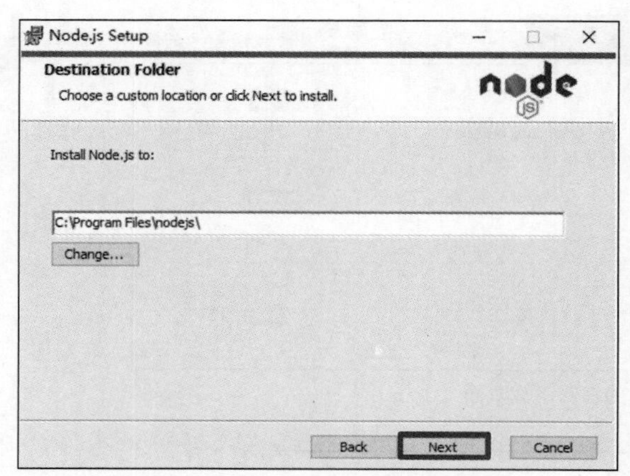

图 2-5　自定义 Node.js 的安装路径

图 2-6　自定义功能的安装方式

在新打开的窗口中，可以选择是否安装那些用来编译 Native 模块的必要工具。因为我们不需要编译 Native 模块，所以无须选中窗口中的复选框，如图 2-7 所示。单击 Next 按钮进入下一步。

在新打开的窗口中，准备安装 Node.js，如图 2-8 所示。单击 Install 按钮开始安装 Node.js。

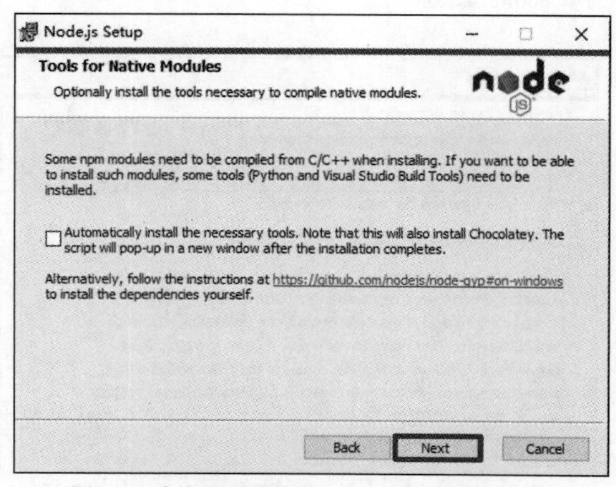

图 2-7　自定义安装编译 Native 模块的必要工具

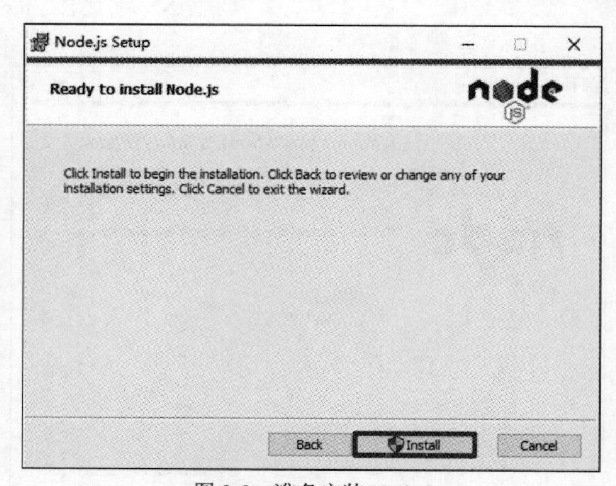

图 2-8　准备安装 Node.js

在新打开的窗口中，正在安装 Node.js，如图 2-9 所示。

安装完成之后，会在新打开的窗口中显示 Node.js 已经被成功地安装了，如图 2-10 所示。单击 Finish 按钮以关闭安装窗口。

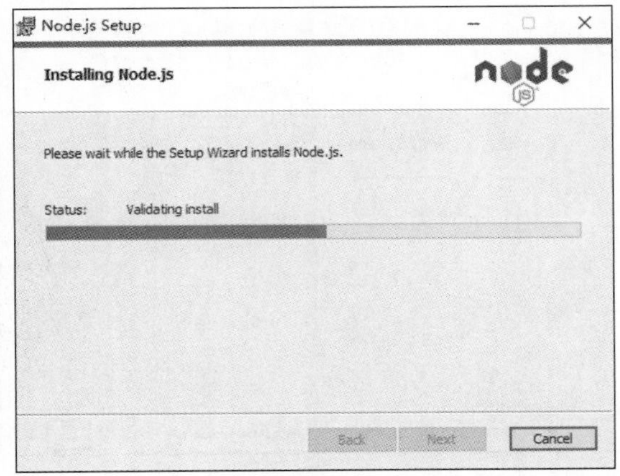

图 2-9 正在安装 Node.js

Node.js Setup
Completed the Node.js Setup Wizard
Click the Finish button to exit the Setup Wizard.
Node.js has been successfully installed.
Back Finish Cancel

图 2-10 Node.js 已经被成功安装

2.1.2 安装及配置 DevEco Studio

开发鸿蒙 App 所使用的集成开发环境是 DevEco Studio。在浏览器中输入 DevEco Studio 的官网下载链接：developer.harmonyos.com/cn/home，然后单击页面中的下载图标，如图 2-11 所示。

图 2-11 DevEco Studio 的官网页面

在新打开的页面中，显示 DevEco Studio 的当前最新版本是 2.0 Beta1，而且只有 64 位的 Windows 版本可供下载，如图 2-12 所示。单击页面中的下载图标以下载 Windows 安装包。

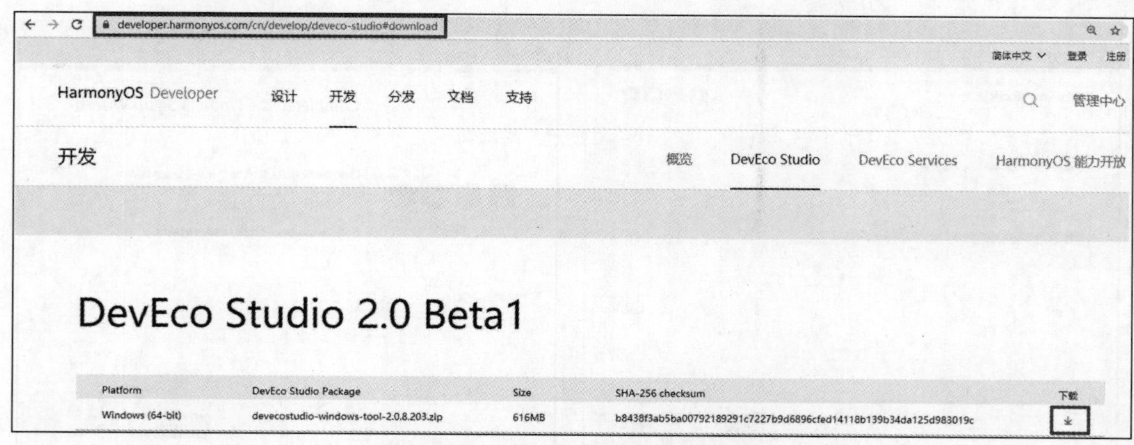

图 2-12　DevEco Studio 的官网下载页面

如果还没有登录华为账号，会打开一个华为账号登录的页面，如图 2-13 所示。

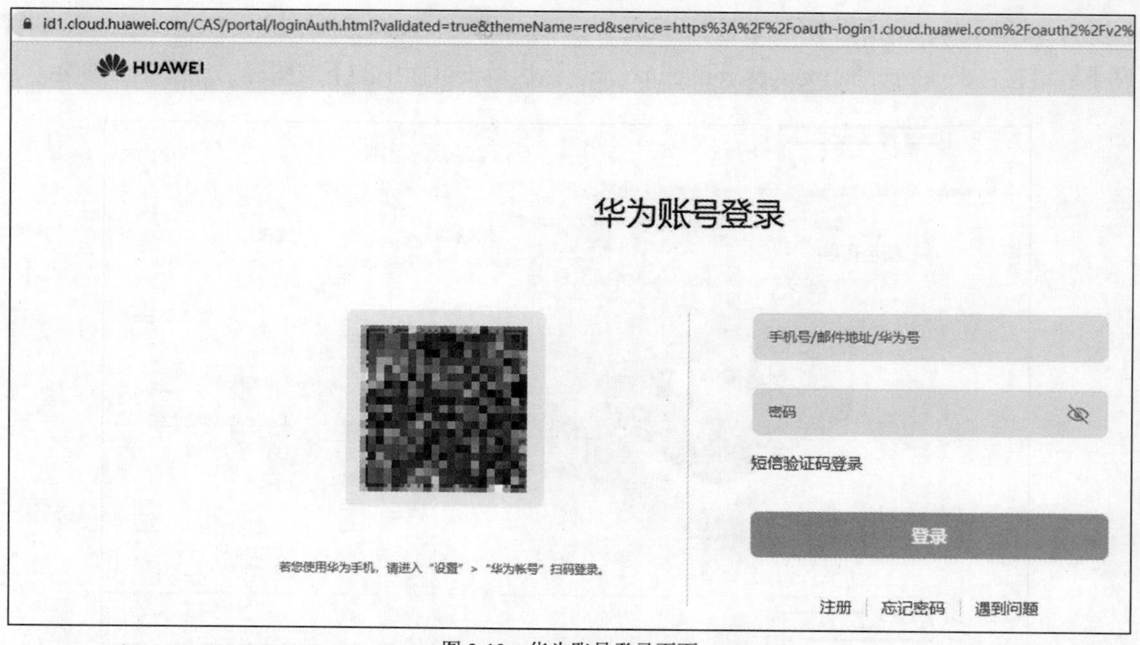

图 2-13　华为账号登录页面

登录华为账号之后，就可以单击下载图标进行下载了。将下载之后的zip压缩包解压之后，就得到了扩展名为exe的Windows安装包，如图2-14所示。

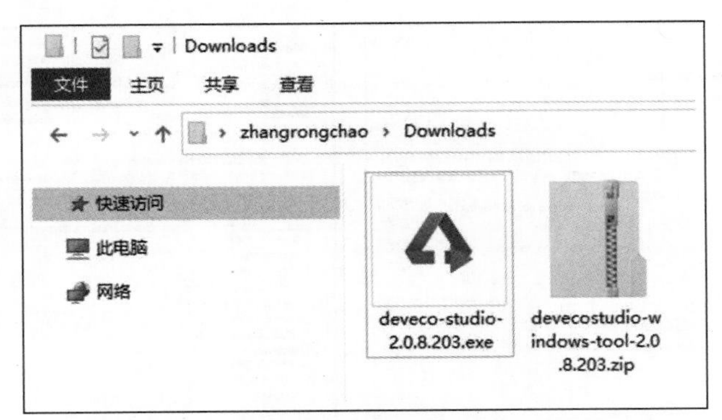

图2-14　下载之后的zip压缩包和解压之后的安装包

双击安装包即可开始安装，如图2-15所示。单击Next按钮进入下一步。

在新打开的窗口中，可以自定义DevEco Studio的安装路径，如图2-16所示。这里直接使用默认的安装路径就可以了。单击Next按钮进入下一步。

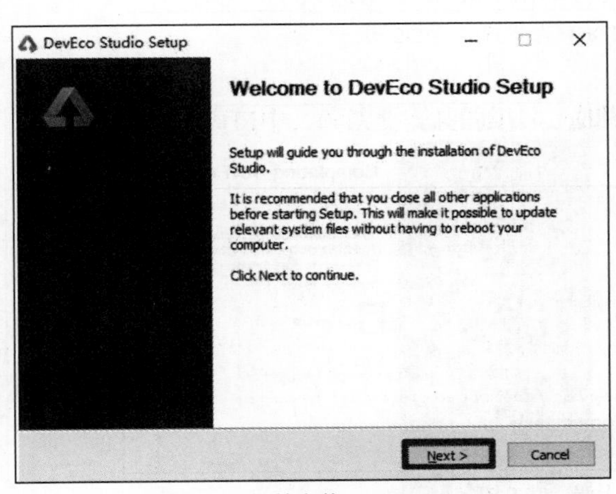

图2-15　开始安装DevEco Studio

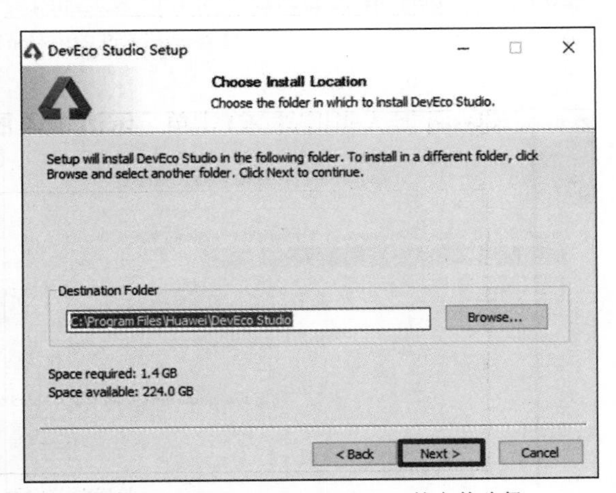

图2-16　自定义DevEco Studio的安装路径

在新打开的窗口中，可以配置DevEco Studio的安装选项，这里在Create Desktop Shortcut区域选中DevEco Studio launcher复选框，如图2-17所示。单击Next按钮进入下一步。

在新打开的窗口中，为 DevEco Studio 的快捷方式选择一个开始菜单的文件夹，这里使用默认的名称 Huawei 就可以了，如图 2-18 所示。单击 Install 按钮进入下一步。

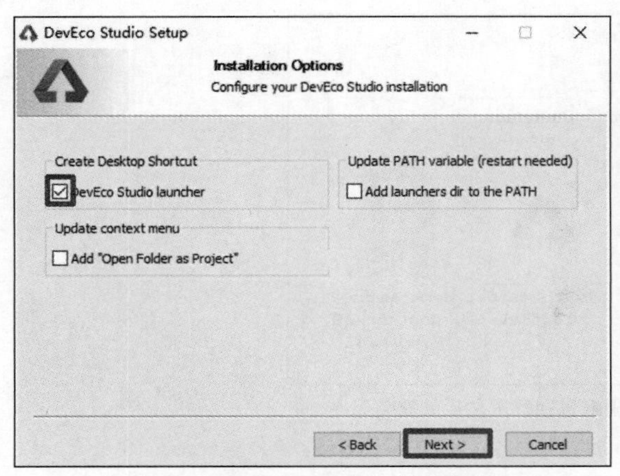

图 2-17　配置 DevEco Studio 的安装选项

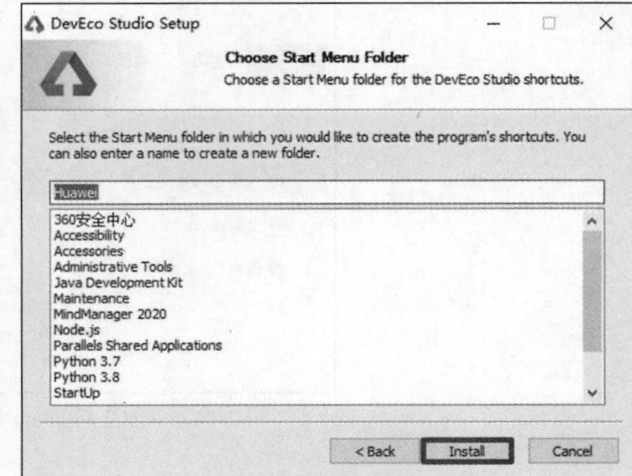

图 2-18　选择开始菜单的文件夹

在新打开的窗口中，正在安装 DevEco Studio，如图 2-19 所示。

安装完成之后，在新打开的窗口中显示 DevEco Studio 已经被安装在了你的电脑上，如图 2-20 所示。选中 Run DevEco Studio 复选框，然后单击 Finish 按钮进入下一步。

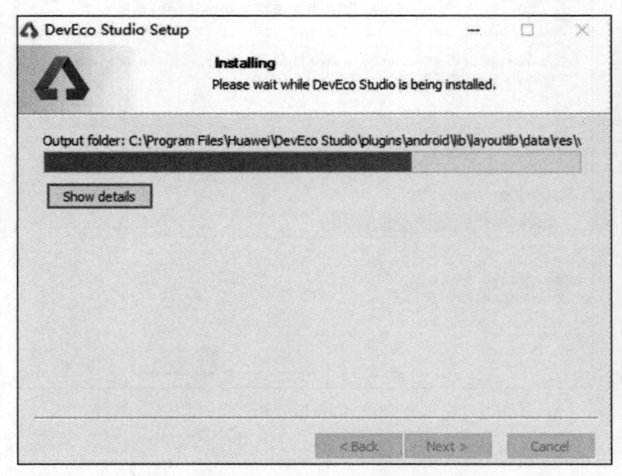

图 2-19　正在安装 DevEco Studio

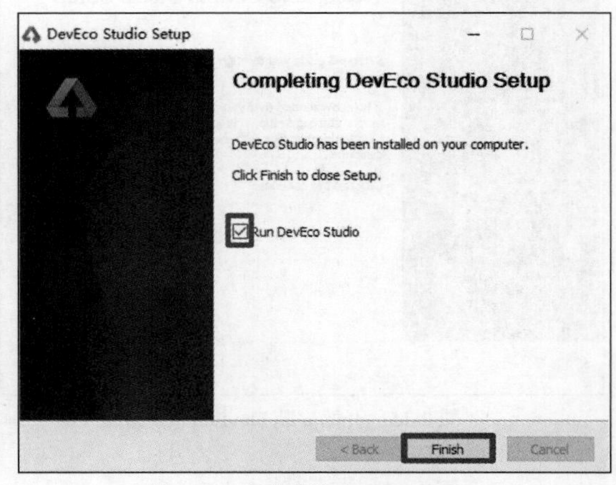

图 2-20　完成安装 DevEco Studio

在新打开的窗口中，可以选择是否导入 DevEco Studio 的设置。这里选择不导入设置，如图 2-21 所示。单击 OK 按钮进入下一步。

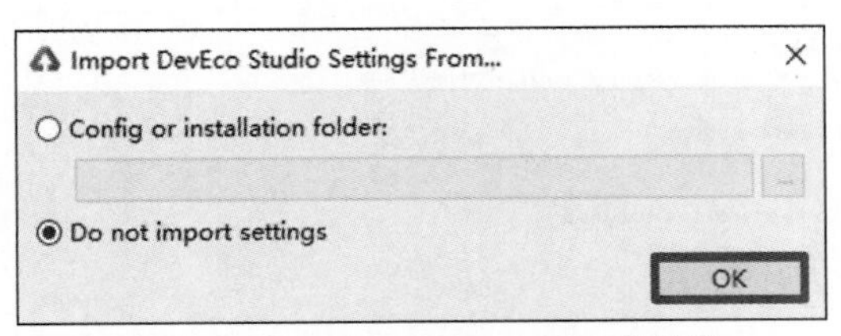

图 2-21　是否导入 DevEco Studio 的设置

在新打开的窗口中，需要确认已经阅读并且接受了用户许可协议中的条款和条件，如图 2-22 所示。选中 confirm that I have read and accept the terms and conditions 复选框，然后单击 Agree 按钮进入下一步。

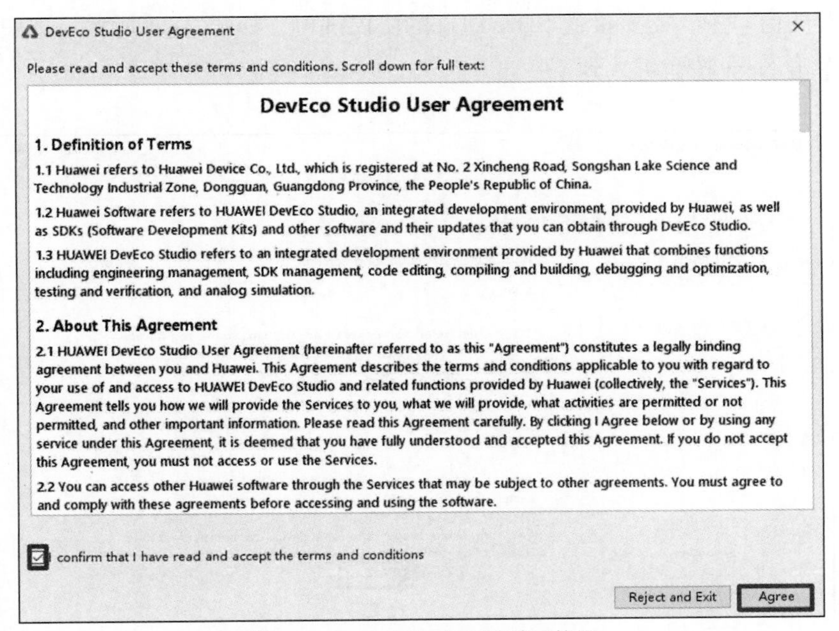

图 2-22　DevEco Studio 用户许可协议

在新打开的窗口中，下载相关的 SDK 组件，如图 2-23 所示。单击 Next 按钮进入下一步。

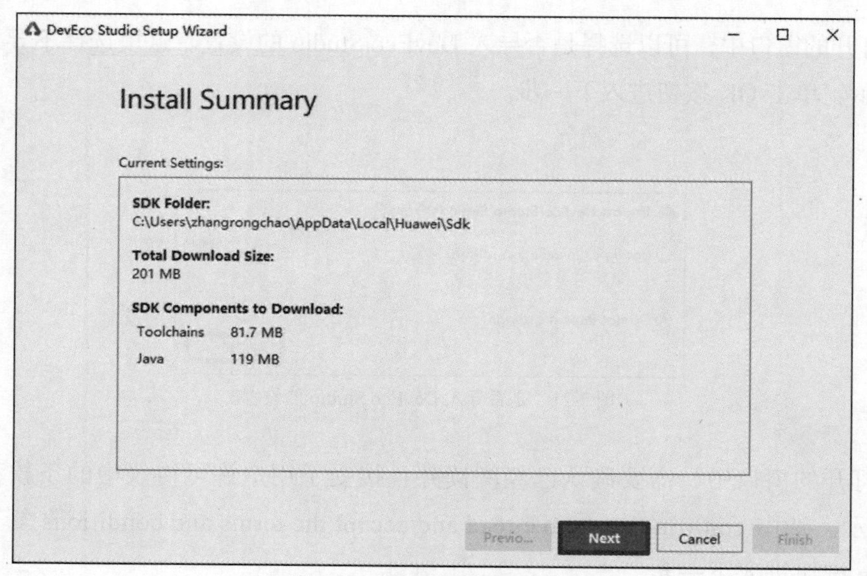

图 2-23　下载相关的 SDK 组件

在新打开的窗口中，需要接受 SDK 组件的协议许可，如图 2-24 所示。选中 Accept 单选按钮，然后单击 Next 按钮进入到下一步。

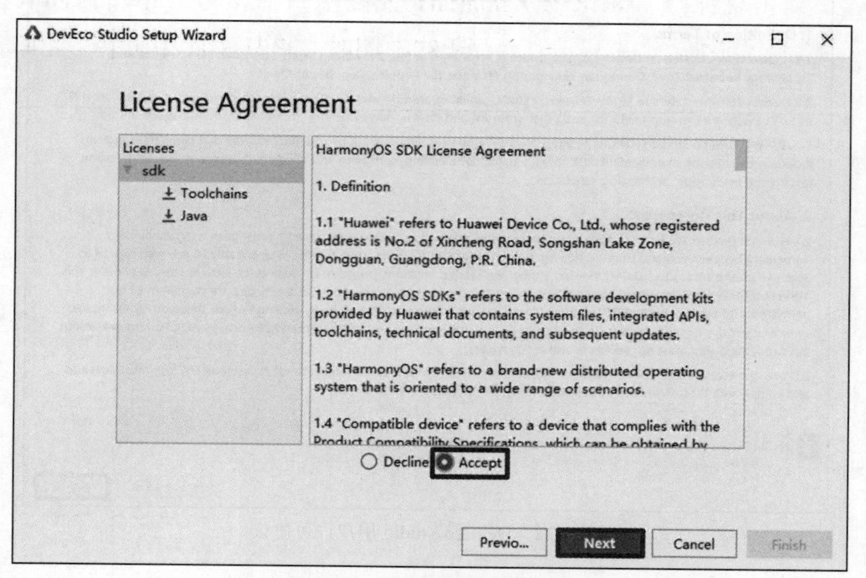

图 2-24　SDK 组件的协议许可

在新打开的窗口中，正在下载 SDK 组件，如图 2-25 所示。

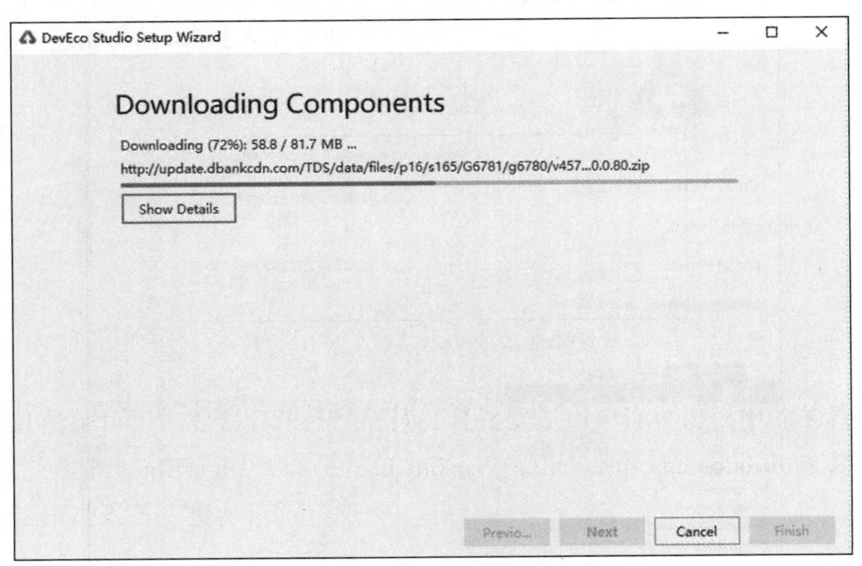

图 2-25 正在下载 SDK 组件

下载完成之后，打开一个新窗口，如图 2-26 所示。单击 Finish 按钮进入到下一步。

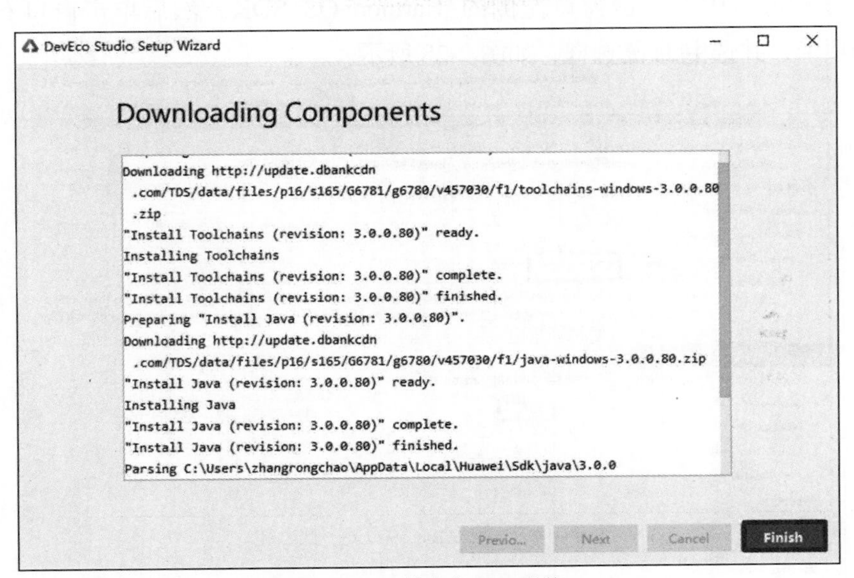

图 2-26 下载完成 SDK 组件

在新打开的窗口中单击 Configure 按钮，然后在展开的下拉菜单中单击 Settings，如图 2-27 所示。

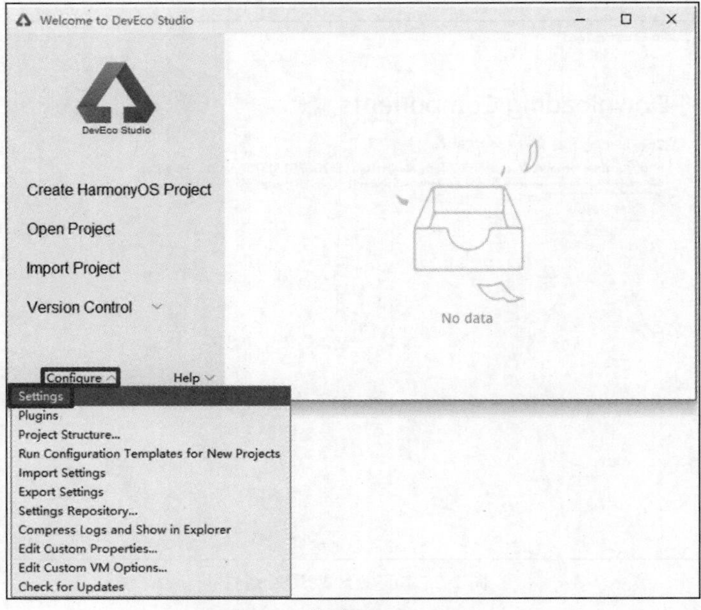

图 2-27　配置 DevEco Studio

在新打开的窗口中，单击窗口左侧的 HarmonyOS SDK，然后单击窗口右侧的 SDK Platforms 选项卡，并选中 Js 复选框，如图 2-28 所示。

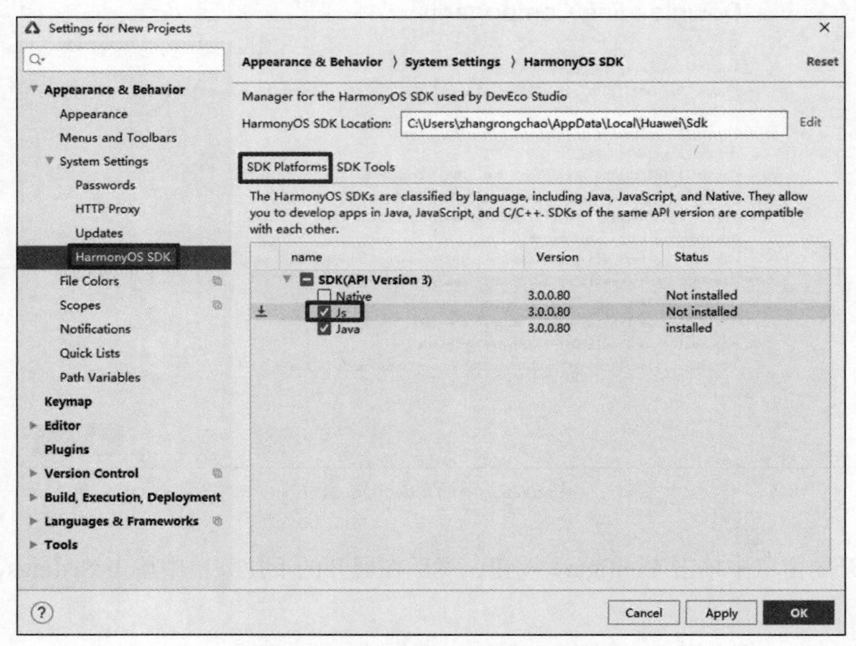

图 2-28　配置安装 SDK 中的 Js 组件

单击窗口右侧的 SDK Tools 选项卡，并选中 Previewer 复选框，如图 2-29 所示。单击 Apply 按钮进入到下一步。

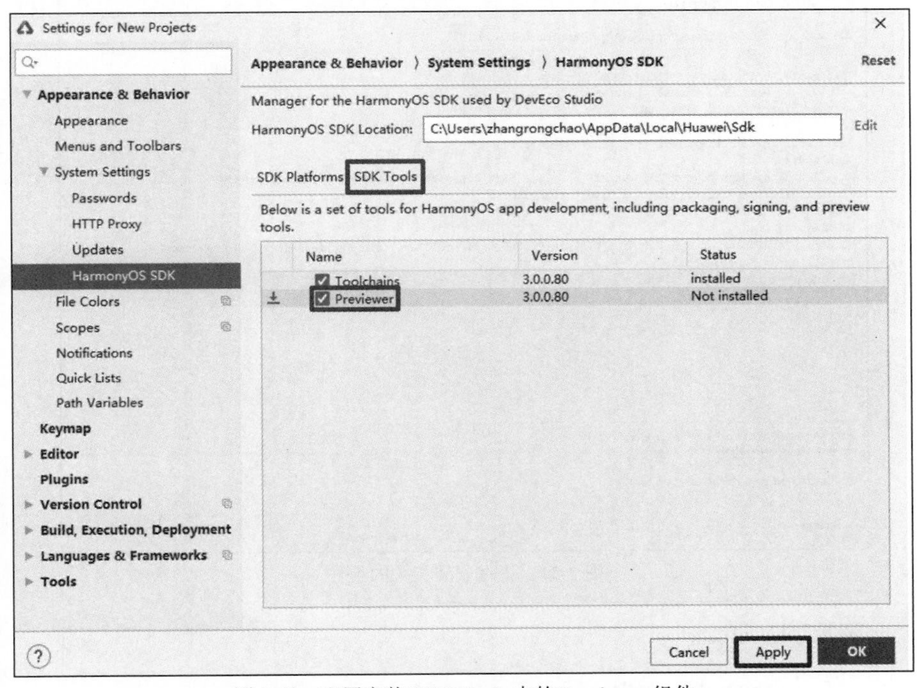

图 2-29　配置安装 SDK Tools 中的 Previewer 组件

在新打开的窗口中，确认要安装的组件，如图 2-30 所示。单击 OK 按钮进入到下一步。

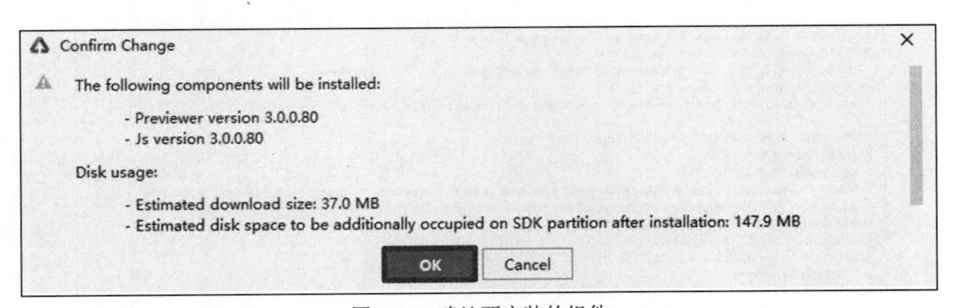

图 2-30　确认要安装的组件

在新打开的窗口中，正在安装相关的组件，如图 2-31 所示。

安装完相关组件之后，打开一个新窗口，如图 2-32 所示。单击 Finish 按钮进入到下一步。

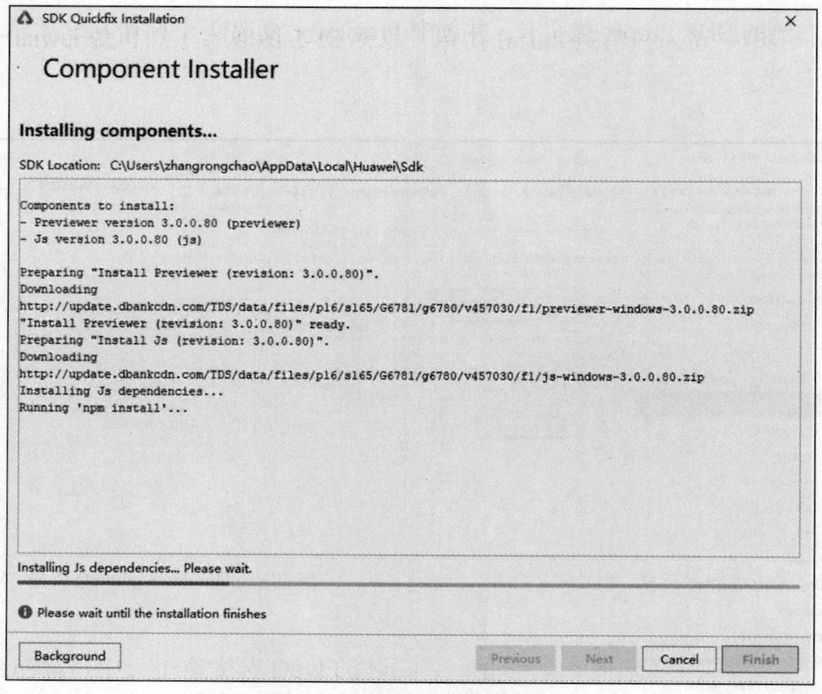

图 2-31　正在安装相关的组件

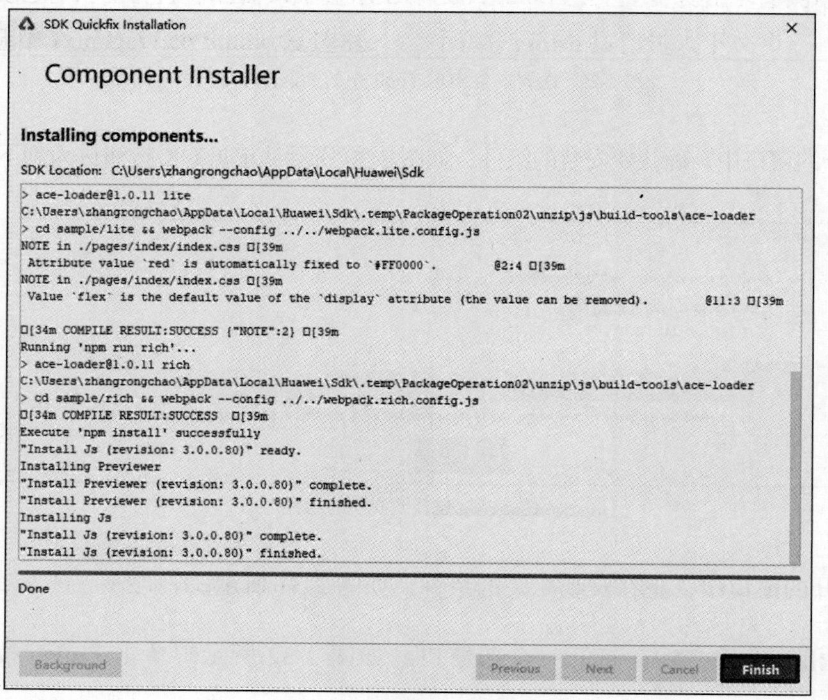

图 2-32　相关组件安装完毕

在之前打开的窗口中，单击 OK 按钮，完成 DevEco Studio 的配置，如图 2-33 所示。

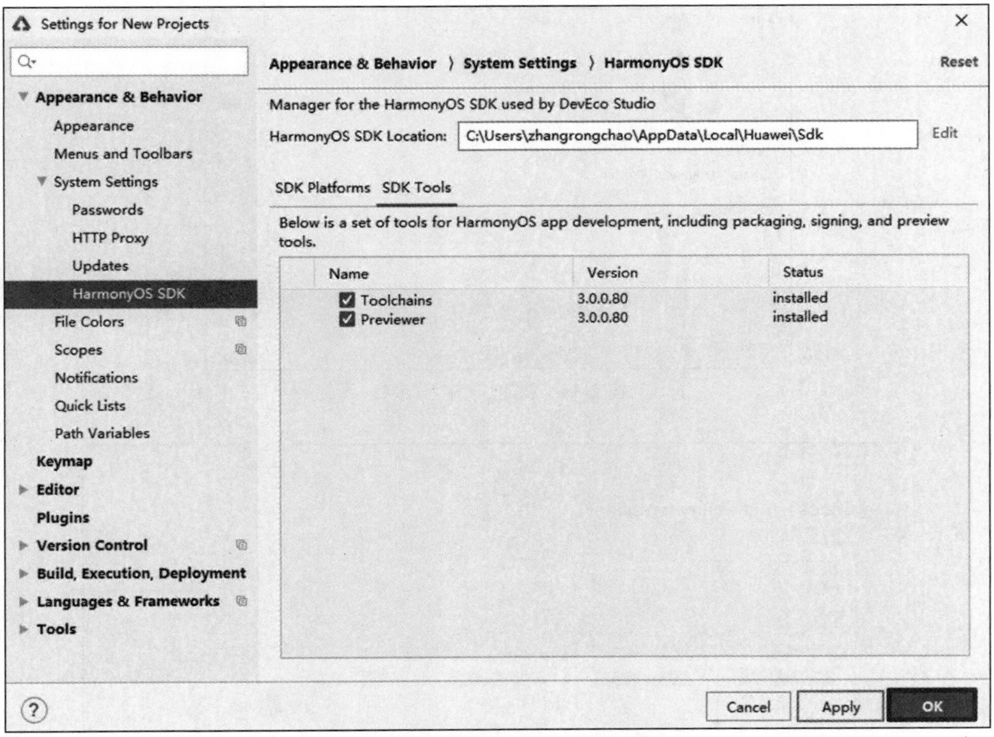

图 2-33　完成 DevEco Studio 的配置

2.2 Hello World

搭建好开发环境之后，我们就可以新建一个 Hello World 项目了。

打开集成开发环境 DevEco Studio，单击 Create HarmonyOS Project，以创建一个鸿蒙项目，如图 2-34 所示。

在新打开文件的窗口中，首先选择 App 所运行的 Device 和使用的 Template。默认选中的 Device 是 TV，可用的 Template 有 6 个，如图 2-35 所示。

其中，有 3 个 Template 的名字是以“(JS)”结尾的，有 3 个 Template 的名字是以“(Java)”

结尾的，这说明开发 TV 上的 App 既可以使用编程语言 JavaScript，也可以使用编程语言 Java。

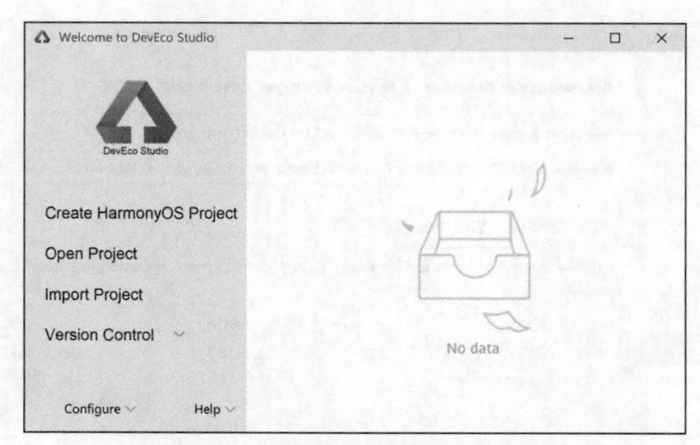

图 2-34　创建一个鸿蒙项目

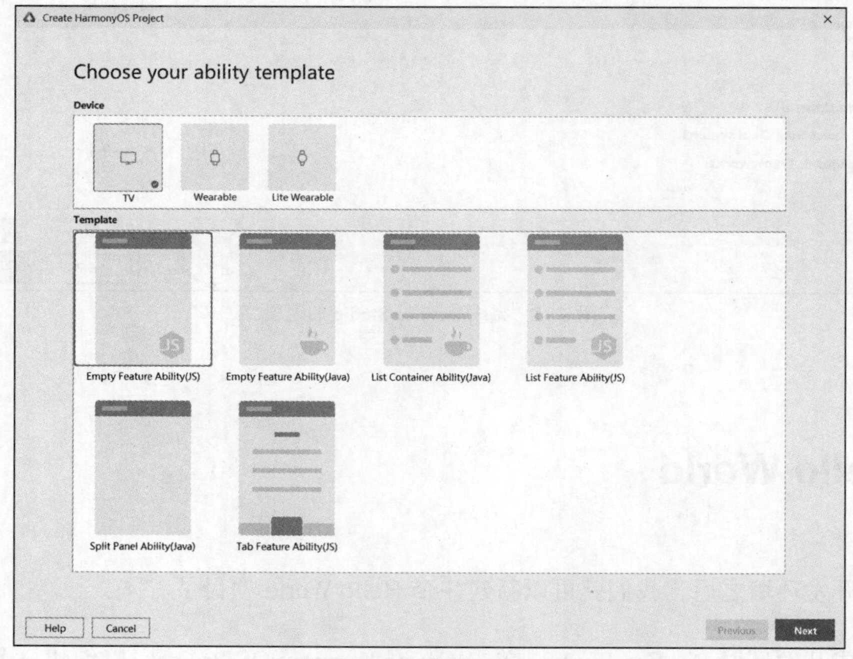

图 2-35　TV 可用的 Template

在 Device 一栏中选中 Wearble，可用的 Template 有 3 个，如图 2-36 所示。

其中，有两个 Template 的名字是以“(JS)”结尾的，有一个 Template 的名字是以“(Java)”结尾的，这说明开发 Wearable 上的 App 与开发 TV 上的 App 一样，既可以使用编程语言 JavaScript，也可以使用编程语言 Java。

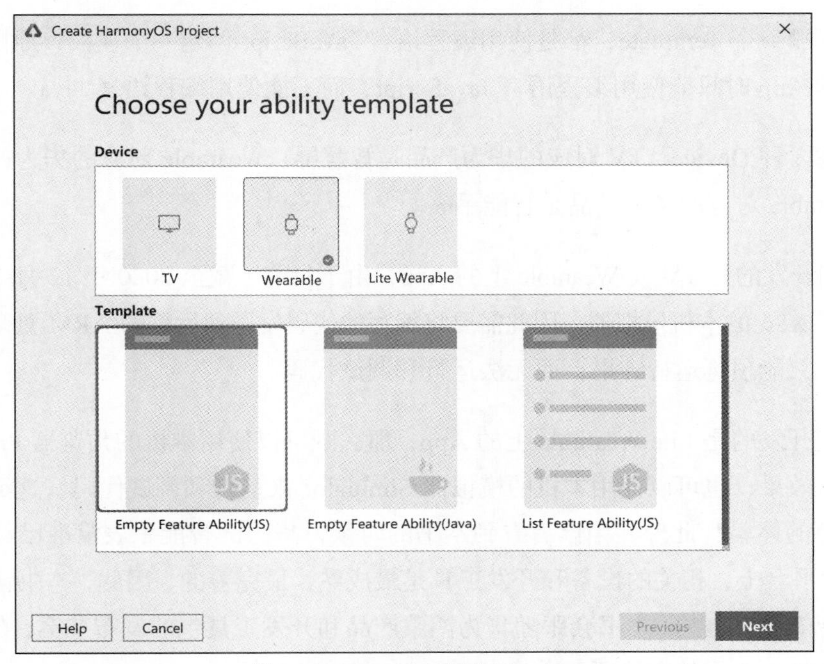

图 2-36 Wearable 可用的 Template

在 Device 一栏中选中 Lite Wearble，可用的 Template 有两个，如图 2-37 所示。

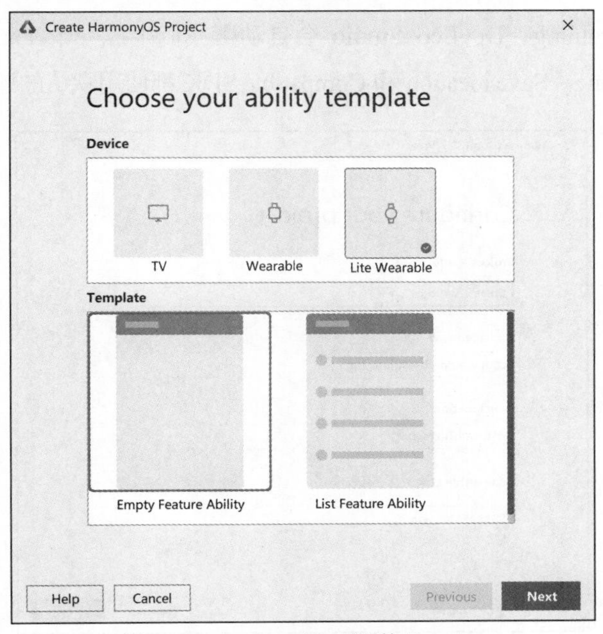

图 2-37 Lite Wearable 可用的 Template

不论选择哪一个 Template，都是使用编程语言 JavaScript 创建一个模板，原因是开发 Lite Wearable 上的 App 时只能使用编程语言 JavaScript，而不能使用编程语言 Java。

对于上述 3 种 Device，TV 对应的华为产品是智慧屏，Wearable 对应的华为产品是智能手表，Lite Wearable 对应的华为产品是智能手表。

如果我们开发的是 TV 或 Wearable 上的 App，由于目前（截至 2020 年 12 月 1 日）华为还没有开放基于 X86 的本机模拟器，因此需要将编写的代码发送到远程的 ARM 处理器以运行代码。在本机上只能预览运行结果，而无法运行和调试代码。

如果我们开发的是 Lite Wearable 上的 App，那么既可以使用本机的预览器 Previewer 来预览代码的运行效果，也可以使用本机的模拟器 Simulator 来运行和调试代码，这给开发人员带来了相当出色的体验！此外，当读者看到本书的时候，华为的智能手表没准已经上市了。在 Lite Wearable 平台上，相关的设备和开发工具是最成熟、最完善的，因此，本书详细讲解的项目是运行在智能手表上的。本书会跟随华为鸿蒙产品和开发工具包的发布节奏，在后续的版本中不断更新和扩充相应的实战项目。

在图 2-37 中，默认选中的 Template 是 Empty Feature Ability，单击 Next 按钮。在新打开的窗口中配置新建的项目，需要分别配置项目名、包名、项目的保存位置和可兼容的 SDK。将 Project Name 取名为 BreathTraining，DevEco Studio 会自动帮我们生成一个 Package name，其名称为 com.example.breathtraining。Save location 和 Compatible SDK 都使用默认的配置，如图 2-38 所示。

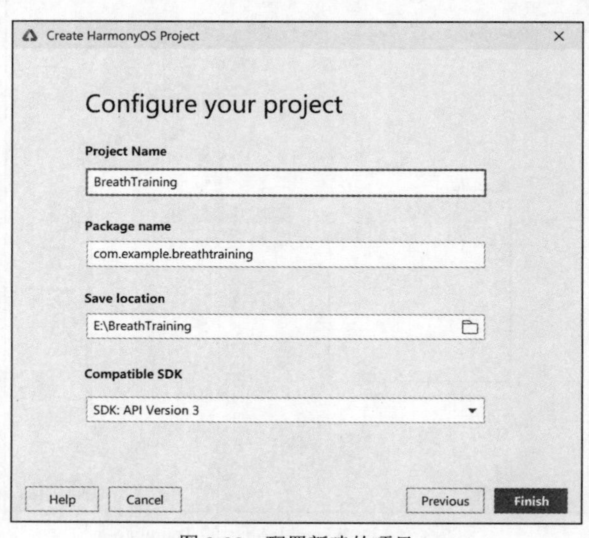

图 2-38　配置新建的项目

单击 Finish 按钮之后，就创建了一个轻量级可穿戴设备的 Hello World 项目，也就是创建了一个运行在智能手表上的 Hello World 项目，如图 2-39 所示。

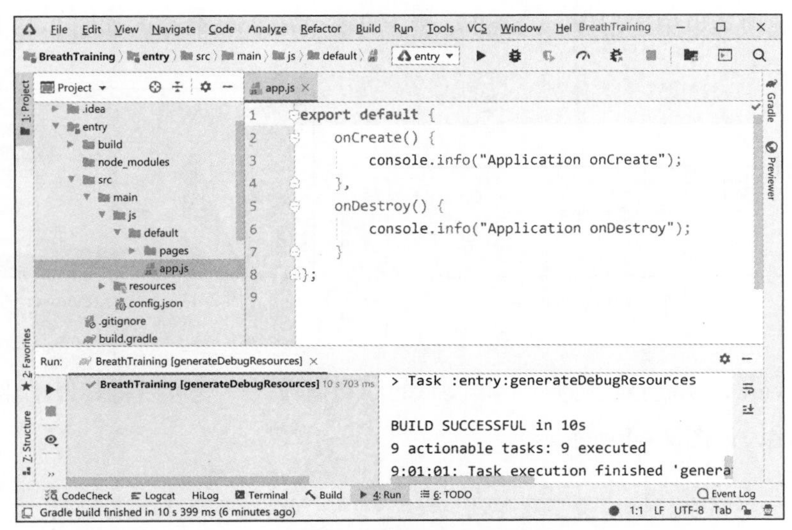

图 2-39　新建的 Hello World 项目

选中菜单栏中的 View，在展开的菜单中选中 Tool Windows，在展开的子菜单中单击 Previewer 命令，如图 2-40 所示。

通过 Previewer 就可以预览 App 的运行效果了。在智能手表的主页面显示了文本“Hello World”，如图 2-41 所示。

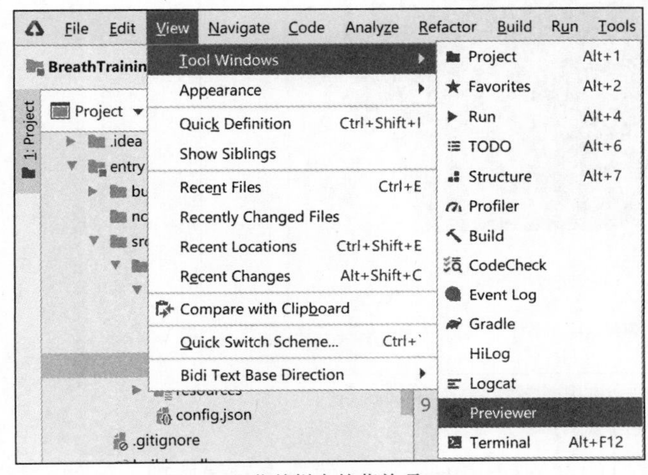

图 2-40　菜单栏中的菜单项 Previewer

图 2-41　Previewer

为了更方便地操作 Previewer，可以单击右上角的 Show Options Menu 设置按钮，如图 2-42 所示。

在打开的选项菜单中选中 View Mode，然后单击 Window 命令，如图 2-43 所示。

图 2-42　Previewer

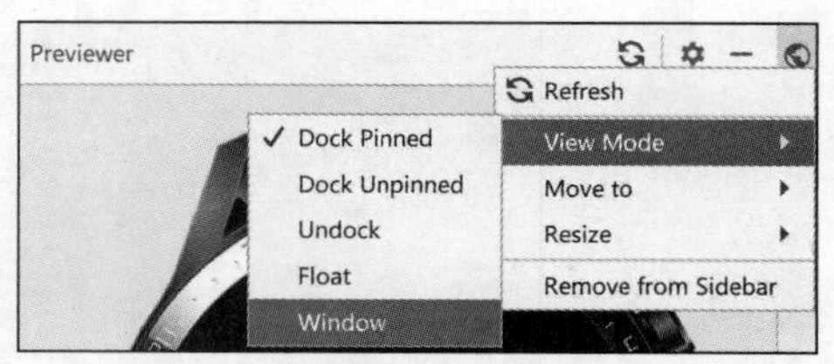

图 2-43　设置 Previewer 的显示模式

这样，Previewer 就会显示为一个非模态的浮动窗口——既可以将其最小化到任务栏，也可以将其最大化，如图 2-44 所示。

图 2-44　显示为非模态浮动窗口的 Previewer

单击手表下方的三根横线，会在窗口的右侧列出 Previewer 的众多设置选项，例如屏幕亮度、心率、步数、地理位置、音量等，如图 2-45 所示。

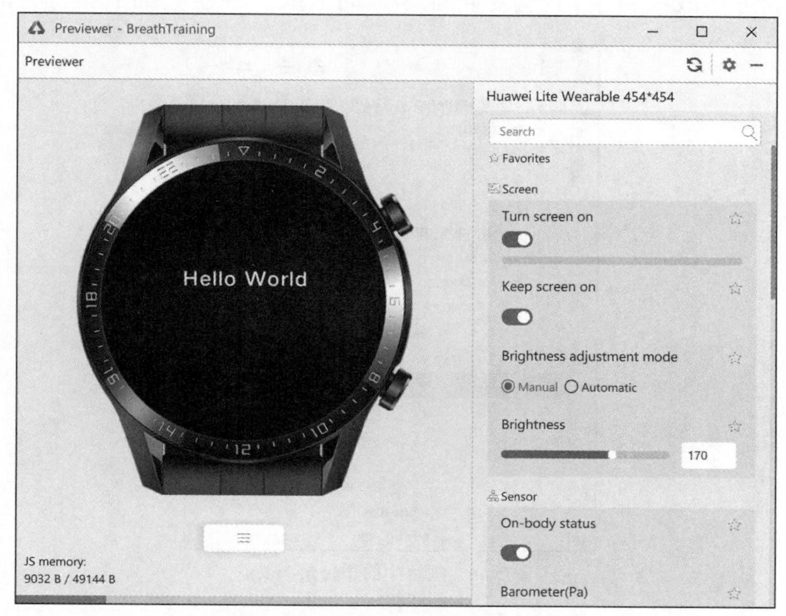

图 2-45　Previewer 的众多设置选项

再次单击三根横线，Previewer 的设置选项就被隐藏起来了。

接下来，我们简单分析一下这个运行在智能手表上的 Hello World 项目。

在项目中依次展开 entry/src/main/js/default/pages/index 目录，在 index 目录中包含 3 个文件：index.hml、index.css 和 index.js，如图 2-46 所示。这 3 个文件共同组成了我们在 Previewer 中看到的 App 主页面。

很多读者看到这里可能会想：原来开发鸿蒙智能手表的 App 使用的是 Web 前端的技术啊，那真的是太好了，因为 Web 前端的技术非常容易上手。使用 Web 前端技术开发鸿蒙智能手表的 App 的确降低了开发人员的门槛，不过 HTML、CSS 和 JavaScript 是浏览器渲染网页所使用的技术，如果直接将其搬到鸿蒙智能手表上显然是不合适的。因此，鸿蒙对 HTML、CSS 和 JavaScript 做了很多裁剪和优化。例如，如果大家仔细看，会发现在 index 目录中有一个文件是 index.hml，而不是 index.html。再例如，index.js 文件只支持 ECMAScript 5.1 的语法，使用 ECMAScript6 语法编写的代码会被自动转换为 ECMAScript 5.1 语法的代码。

如果你是一位有经验的 Web 前端开发工程师，在开发鸿蒙智能手表的 App 时会相对比较轻松，但是仍然有一些细节需要注意，仍然有一些智能手表特有的技术知识点需要掌握。在本书的呼吸训练实战项目中，我会尽可能多地向大家呈现这些细节和特有的技术知识点。

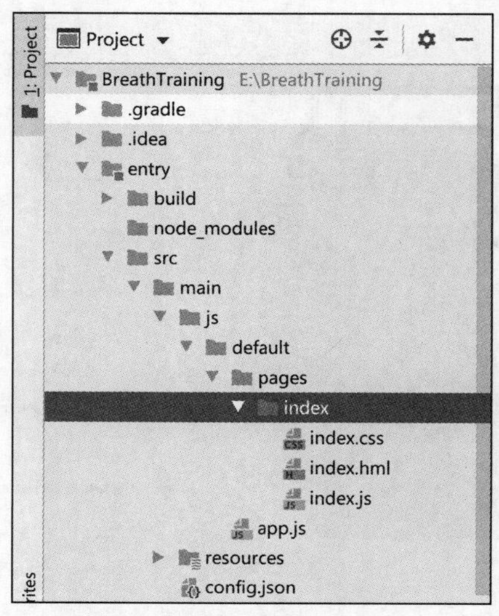

图 2-46 项目中的子目录 index

鸿蒙智能手表的任何一个页面，都对应着一个 hml 文件、一个 css 文件和一个 js 文件，这三个文件的关系如图 2-47 所示。hml 文件是页面的结构，它用于描述页面中包含哪些组件；css 文件是页面的样式，它用于描述页面中的组件都长什么样；js 文件是页面的行为，它用于描述页面中的组件是如何进行交互的。

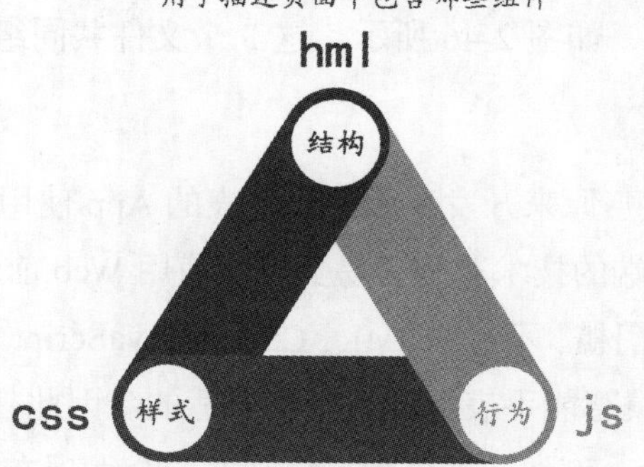

图 2-47 页面对应的 3 个文件的关系

我们分别打开这 3 个文件看一下。

在文件 index.hml 中定义了页面中包含的两个组件：一个组件是容器 div；另一个组件是文本框 text，如图 2-48 所示。

我们在 Previewer 中看到的文本“Hello World”就显示在这个 text 文本框中。

在文件 index.css 中通过类选择器定义了 div 和 text 这两个组件分别长什么样，比如宽度、高度、字体大小、对齐方式等，如图 2-49 所示。

```
<div class="container">
    <text class="title">
        Hello {{title}}
    </text>
</div>
```

图 2-48 文件 index.hml

```
.container {
    display: flex;
    justify-content: center;
    align-items: center;
    left: 0px;
    top: 0px;
    width: 454px;
    height: 454px;
}
.title {
    font-size: 30px;
    text-align: center;
    width: 200px;
    height: 100px;
}
```

图 2-49 文件 index.css

在类选择器 container 中，组件 div 的宽度（width）和高度（height）都被设置为了 454px。454px 是智能手表页面的最大宽度和最大高度。智能手表中页面的坐标系如图 2-50 所示。

中间的实心圆是智能手表的表盘。坐标原点是表盘的外接正方形的左上角。表盘的外接正方形的边长是 454px，因此表盘的最大宽度和最大高度都是 454px。所有位于表盘之外并且位于外接正方形之内的部分都不会被显示。此外，页面中所有组件的宽度和高度都可以使用具体的像素值来指定，例如，在 index.css 中 text 文本框的宽度和高度分别被指定为了 200px 和 100px。

文件 index.js 中定义了一个变量 title，它的值是'World'，如图 2-51 所示。这个 title 变量是 index.hml 中使用两个花括号括起来的占位符。占位符 title 的值是在程序的运行过程中动态确定的，这种技术称之为动态数据绑定。

对于这个 Hello World 项目中的其他目录和文件，在后面的章节中我们用到哪一个就详细讲解哪一个，而不是一股脑地给大家全部介绍一遍。本书采用的是项目驱动和面向问题的学习方式，边做边学，在做中学，在学中做。这样，大家对知识点的理解就会更加深刻，对知识点的掌握也会更加容易。

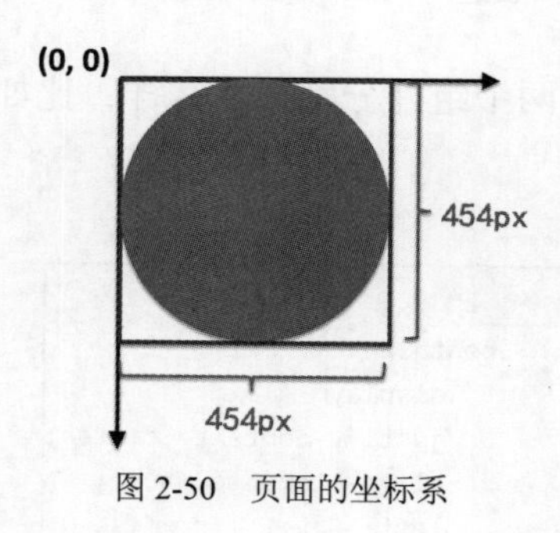

图 2-50　页面的坐标系

图 2-51　文件 index.js

从下一章开始，我们就在这个 Hello World 项目的基础上不断地进行改造和完善，最终构建出一个完整的呼吸训练 App。

第 3 章　呼吸训练实战项目

我们会在本章完成一个运行在鸿蒙智能手表上的名为呼吸训练的 App。

主页面（见图 3-1）的中部是鸿蒙呼吸训练的 logo，logo 的左右两边各有一个选择器。左边的选择器用于设定呼吸训练的时长，单位是分，可选值有 1、2、3，默认值是 2，也就是两分钟。右边的选择器用于设定每次呼气或吸气的节奏，可选值有较慢、舒缓、较快，默认值是舒缓。用户可以根据自己的喜好对时长和节奏进行设定。

设定好之后，单击 logo 下方的“点击开始”按钮。单击之后，跳转到 3 秒倒计时页面，显示“请保持静止，*n* 秒后跟随训练指引进行吸气和呼气”。倒计时页面如图 3-2 所示。

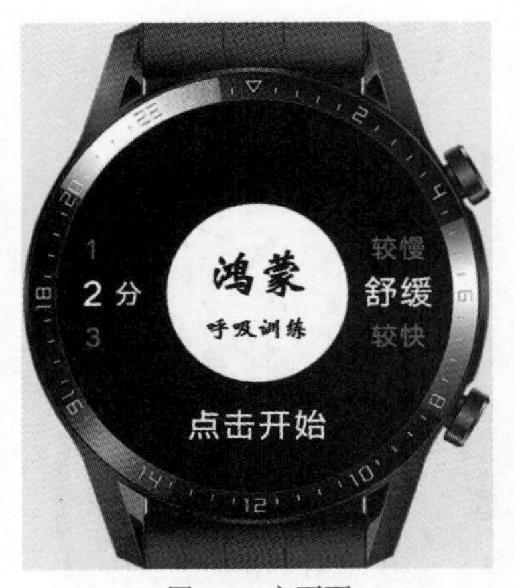

图 3-1　主页面

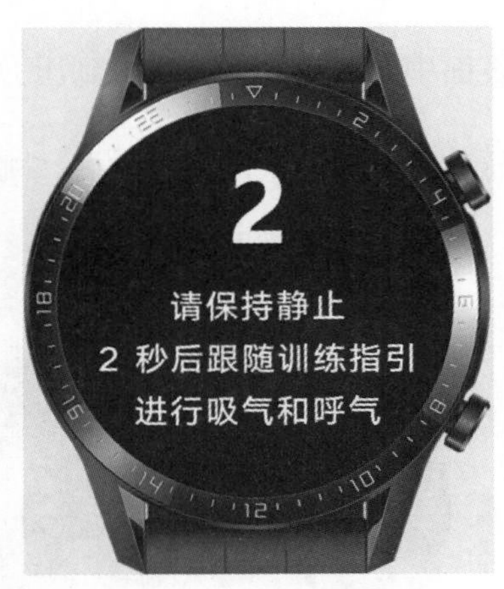

图 3-2　倒计时页面

3 秒倒计时结束后，跳转到训练页面。根据主页面中设定的时长和节奏，每呼气或吸气一次，logo 顺时针转动一周；logo 的下方交替显示“呼气”和“吸气”，括号中显示的是当前呼气或吸气的百分比，每次呼气或吸气都会显示 100 次进度。再下方显示的是再坚持的秒数。正在训练时的训练页面如图 3-3 所示。

不管训练是否完成，在任何一个时刻，都可以单击最下方的“点击重新开始”按钮，单击之后，跳转到 App 的主页面。用户可以根据自己的喜好对时长和节奏重新进行设定，设定好之后重新开始一次呼吸训练。

当完成设定时长的训练后，页面中显示“已完成（100%）”，以及“右滑查看训练报告”。完成训练时的训练页面如图 3-4 所示。

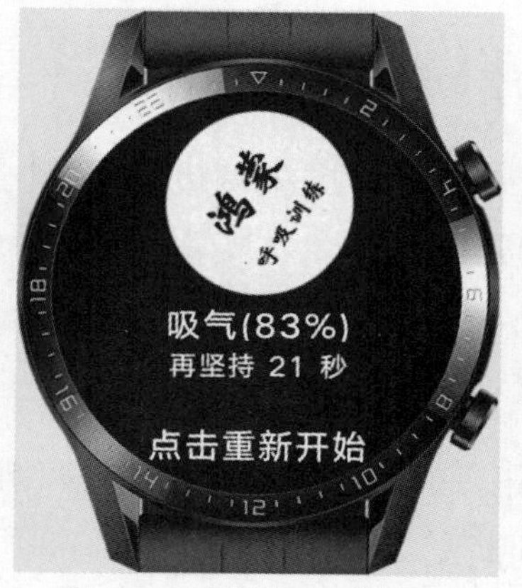

图 3-3　正在训练时的训练页面

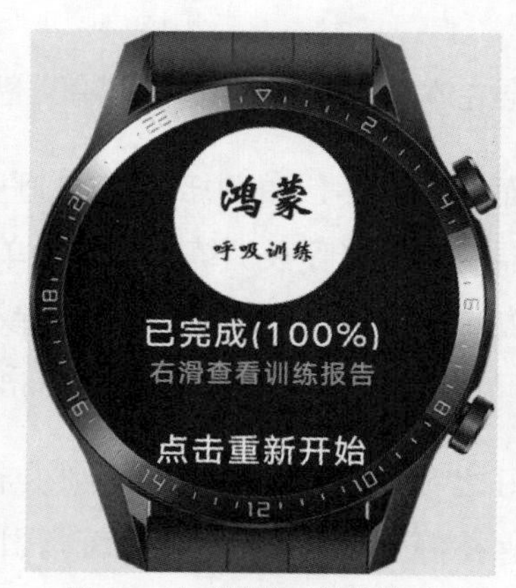

图 3-4　完成训练时的训练页面

在页面中向右滑动后，跳转到压力占比页面，如图 3-5 所示。

在压力占比页面中向上滑动后，跳转到心率曲线页面，如图 3-6 所示。

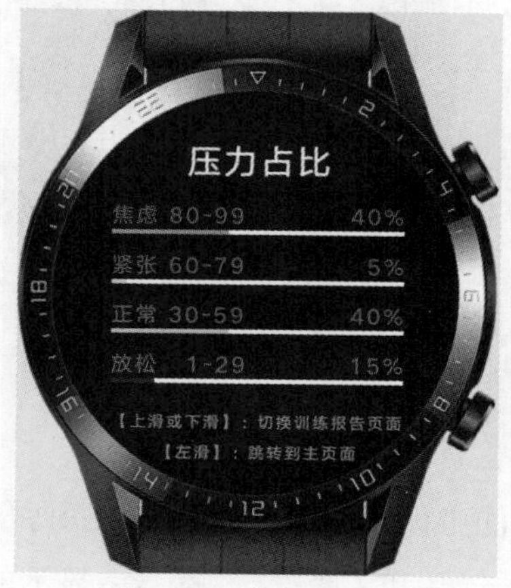

图 3-5　压力占比页面

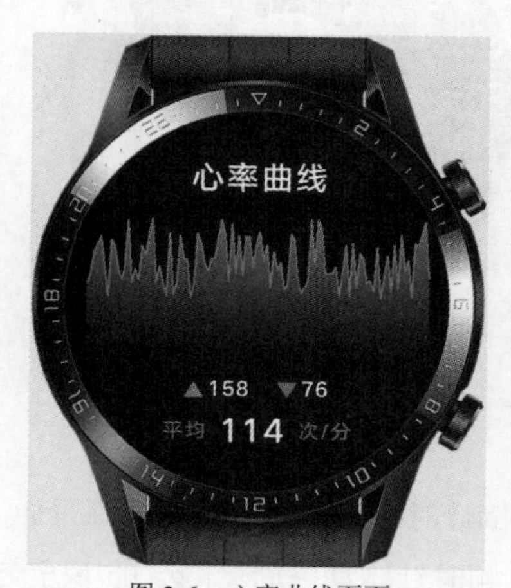

图 3-6　心率曲线页面

在心率曲线页面中向上滑动后，跳转到今日活动分布页面，如图 3-7 所示。

在今日活动分布页面中向上滑动后，跳转到压力分布页面，如图 3-8 所示。

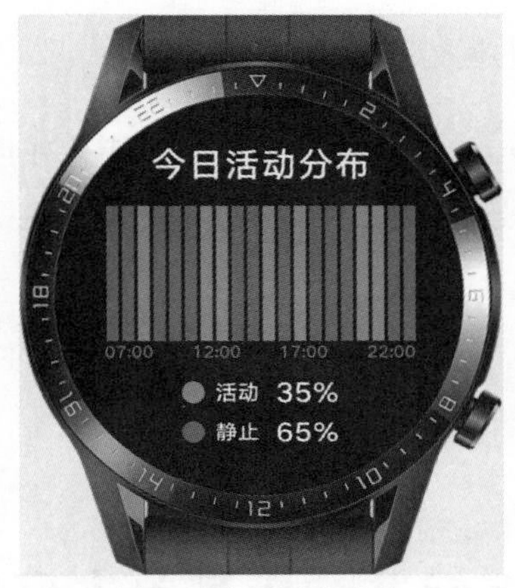

图 3-7　今日活动页面

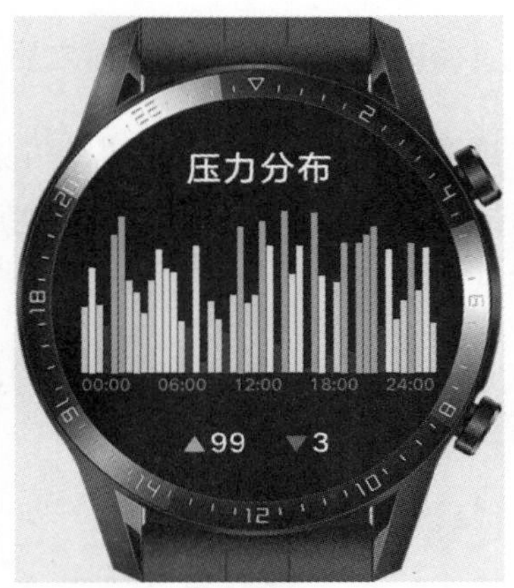

图 3-8　压力分布页面

在压力分布页面中向上滑动后，跳转到最大摄氧量页面，如图 3-9 所示。

在最大摄氧量页面中向上滑动后，跳转到学习交流联系方式页面，如图 3-10 所示。

图 3-9　最大摄氧量页面

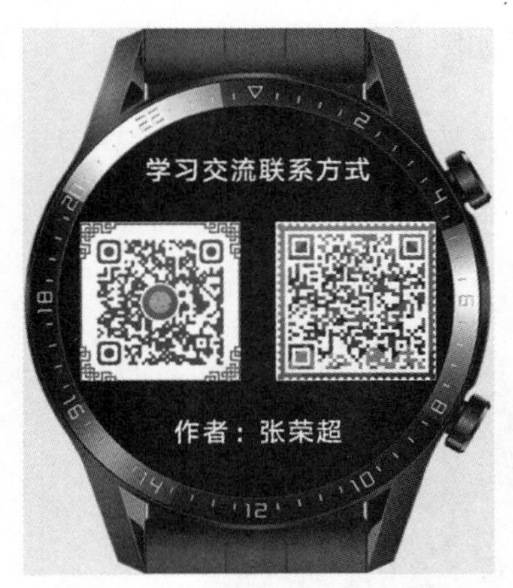

图 3-10　学习交流联系方式页面

在学习交流联系方式页面中向下滑动后，跳转到最大摄氧量页面。在最大摄氧量页面中向下滑动后，跳转到压力分布页面。在压力分布页面中向下滑动后，跳转到今日活动分布页面。

在今日活动分布页面中向下滑动后，跳转到心率曲线页面。在心率曲线页面中向下滑动后，跳转到压力占比页面。

对于上述 6 个页面，在任何一个页面中向左滑动后都会跳转到主页面。

上述页面就是我们学习完本章之后所完成的 App 的运行效果。

通过这个实战项目，我们可以掌握鸿蒙智能手表 App 开发的众多核心技能，并且极大地降低学习成本。学习完这个实战项目之后，大家再去看官方文档或者开发一个全新的 App，就会感觉非常容易。

接下来让我们开启鸿蒙 App 项目实战之旅！

3.1　任务 1：在主页面中添加一个按钮并响应其单击事件

3.1.1　运行效果

该任务实现的运行效果是这样的：在主页面的文本“Hello World”的下方显示一个按钮。运行效果如图 3-11 所示。

单击该按钮后在 Debug 工具窗口中打印一条 log“我被点击了”。运行效果如图 3-12 所示。

图 3-11　显示一个按钮

图 3-12　打印 log 的 Debug 工具窗口

3.1.2 实现思路

使用 input 组件显示一个按钮。通过 input 组件的 onclick 属性指定一个自定义函数。这样，当单击按钮时就会触发按钮的 onclick 单击事件，从而自动调用 onclick 指定的自定义函数。

3.1.3 代码详解

打开 index.hml 文件。

添加一个 input 组件。将 type 属性的值设置为“button”，以显示一个按钮。将属性 value 的值设置为“点我”，以设置按钮上显示的文本。将 class 属性的值设置为“btn”，以通过 index.css 中名为 btn 的类选择器设置按钮的样式。

上述讲解如代码清单 3-1 所示。

代码清单 3-1 index.hml

```
<div class="container">
    <text class="title">
        Hello {{title}}
    </text>
    <input type="button" value="点我" class="btn" />
</div>
```

打开文件 index.css。

添加一个名为 btn 的类选择器，以设置按钮的样式。将 width 和 height 的值分别设置为 200px 和 50px。

因为文本框和按钮是竖向排列的，所以在 container 类选择器中添加一个 flex-direction 样式，并将它的值设置为 column，以竖向排列 div 容器内的所有组件。这样，因为无须再使用弹性布局的显示方式，所以就可以删掉 display 样式了。left 和 top 这两个样式用于定位 div 容器在页面坐标系中的位置，其默认值都是 0px，因此可以将 left 和 top 这两个样式都删掉。

上述讲解如代码清单 3-2 所示。

代码清单 3-2 index.css

```
.container {
    flex-direction: column;
    display: flex;
    justify-content: center;
    align-items: center;
    left: 0px;
    top: 0px;
    width: 454px;
    height: 454px;
}
.title {
    font-size: 30px;
    text-align: center;
    width: 200px;
    height: 100px;
}
.btn {
    width: 200px;
    height: 50px;
}
```

保存所有代码后打开 Previewer，在主页面的文本“Hello World”的下方显示出了一个按钮。运行效果如图 3-13 所示。

图 3-13 运行效果

接下来要实现的运行效果是：单击该按钮后打印一条 log。

打开 index.js 文件。

定义一个名为 clickAction 的函数，并在函数体中打印一条 log“我被点击了”。在 data 的右花括号和 clickAction 之间添加一个逗号。

上述讲解如代码清单 3-3 所示。

代码清单 3-3 index.js

```
export default {
    data: {
        title: 'World'
    },
    clickAction() {
        console.log("我被单击了");
    }
}
```

打开 index.hml 文件。

在 input 组件中添加一个 onclick 属性，并将它的值设置为刚刚定义的 clickAction 函数。这样，当单击按钮时就会触发按钮的 onclick 单击事件，从而自动调用 clickAction 函数。

上述讲解如代码清单 3-4 所示。

代码清单 3-4 index.hml

```
<div class="container">
   <text class="title">
      Hello {{title}}
   </text>
   <input type="button" value="点我" class="btn" onclick="clickAction" />
</div>
```

要想看到打印出来的 log，必须以 Debug 模式运行应用。在 DevEco Studo 的工具栏中有一个小虫子图标样式的按钮，如图 3-14 所示。

单击该按钮，或者按 Shift+F9 组合键，会弹出一个对话框，用于选择部署应用的目标设备。在对话框中选中下面的“Huawei Lite Wearable Simulator”，然后单击 OK 按钮，如图 3-15 所示。

App 的运行效果就显示在了模拟器 Simulator 的这个工具窗口中，而不是显示在预览器 Previewer 中。运行效果如图 3-16 所示。

与操作预览器 Previewer 类似，为了更方便地操作模拟器 Simulator，可以单击右上角的 Show Options Menu 设置按钮，在打开的选项菜单中选中 View Mode，然后单击 Window，将 Simulator 的显示模式设置为非模态的浮动窗口，如图 3-17 所示。

单击主页面中的按钮后，在左下方的 Debug 工具窗口中就打印出了 log“我被点击了”。运行效果如图 3-18 所示。

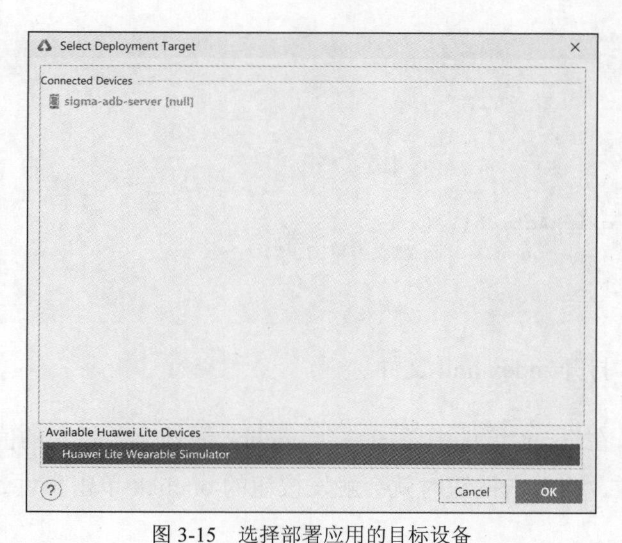

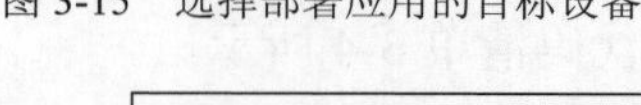

图 3-14　Debug 应用的小虫子图标按钮

图 3-15　选择部署应用的目标设备

图 3-16　模拟器 simulator 工具窗口

图 3-17　设置 simulator 的显示模式

单击工具栏中的正方形按钮，停止在 Debug 模式下运行的应用，如图 3-19 所示。

图 3-18　打印 log 的 Debug 工具窗口

图 3-19　停止在 Debug 模式下运行的应用的图标按钮

3.2　任务 2：添加训练页面并实现其与主页面之间的相互跳转

3.2.1　运行效果

该任务实现的运行效果是这样的：单击主页面中的按钮，跳转到训练页面；单击训练页面中的按钮，跳转到主页面。运行效果如图 3-20 和图 3-21 所示。

图 3-20　主页面

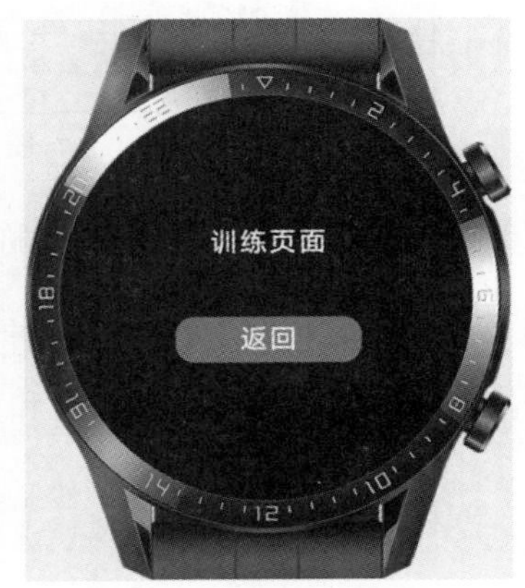

图 3-21　训练页面

3.2.2　实现思路

把主页面和训练页面做一个对比，很容易发现：两个页面中所包含组件的结构以及对应组件的样式和行为几乎是一样的。因此，只需要在主页面的基础上稍作修改就可以实现训练页面了。

可以调用 router.replace()语句实现页面间的跳转，在调用该语句时通过 uri 指定目标页面的地址。

3.2.3　代码详解

在项目的 pages 子目录上单击右键，在弹出的菜单中选中 New，然后在弹出的子菜单中单击 JS Page，以新建一个 JS 页面，如图 3-22 所示。

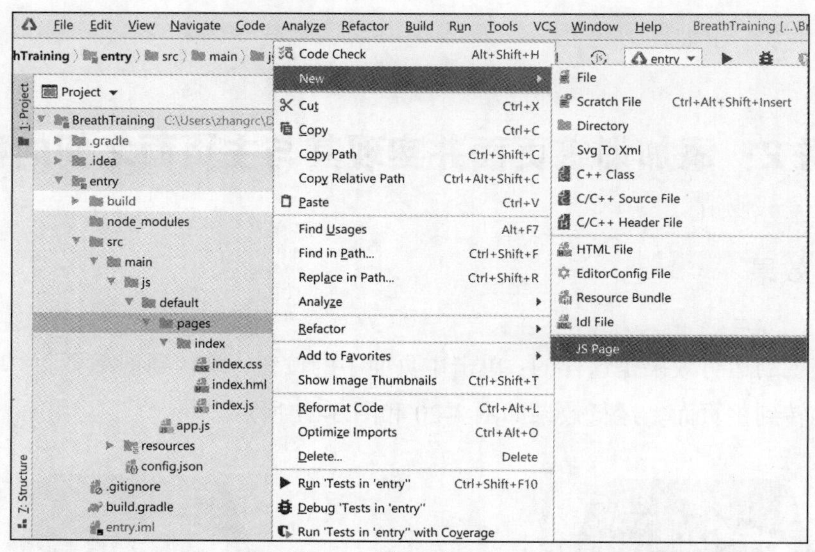

图 3-22 新建一个 JS 页面

在打开的窗口中，将 JS 页面的名称设置为 training，然后单击 Finish 按钮，如图 3-23 所示。

这样，在 pages 目录下就自动创建了一个名为 training 的子目录。该子目录中自动创建了 3 个文件：training.hml、training.css 和 training.js，如图 3-24 所示。这 3 个文件共同组成了训练页面。

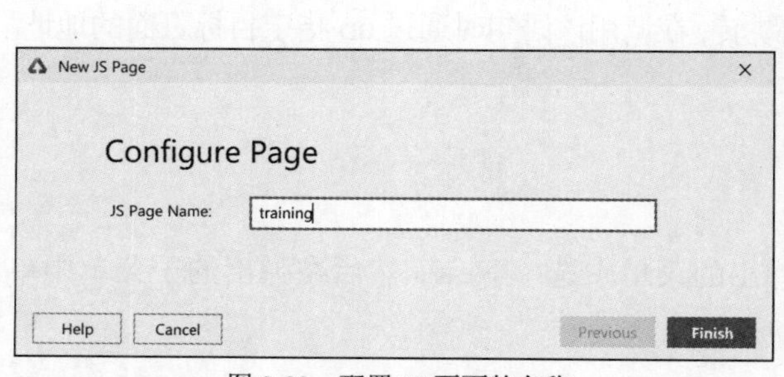

图 3-23 配置 JS 页面的名称

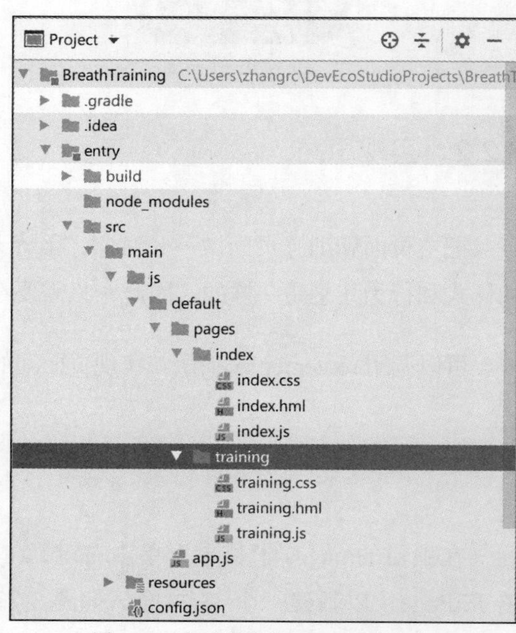

图 3-24 自动创建的 training 子目录

为了能够在主页面的基础上稍作修改，可复制 index.hml 中的所有内容，将其粘贴到 training.hml 中。在 training.hml 中，将 text 组件中的显示文本修改为“训练页面”，并将 input 组件中 value 属性的值修改为“返回”。

上述讲解如代码清单 3-5 所示。

代码清单 3-5　training.hml

```
<div class="container">
    <text class="txt">
        训练页面
    </text>
    <input type="button" value="返回" class="btn" onclick="clickAction" />
</div>
```

复制 index.css 中的所有内容，粘贴到 training.css 中。

复制 index.js 中的所有内容，粘贴到 training.js 中。

因为在 training.hml 中没有使用 title 占位符，所以在 training.js 中删除 title 及其动态数据绑定的值'World'。

为了能够在训练页面中单击按钮之后跳转到主页面，可在 clickAction 函数的函数体中删除打印 log 的语句，并且添加一条页面跳转语句 router.replace();。从'@system.router'中导入 router，并且在一对花括号中将主页面的 uri 设置为'pages/index/index'。

上述讲解如代码清单 3-6 所示。

代码清单 3-6　training.js

```
import router from '@system.router'

export default {
    data: {
        title: 'World'
    },
    clickAction() {
        console.log("我被单击了");
        router.replace({
            uri: 'pages/index/index'
        });
    }
}
```

为什么主页面的 uri 是'pages/index/index'呢？这是因为在项目的 config.json 文件中对主页面的 uri 进行了定义。所有页面的 uri 都需要在 config.json 中进行定义。当新建训练页面时，会在 confing.json 中自动生成训练页面的 uri：pages/training/training，如图 3-25 所示。

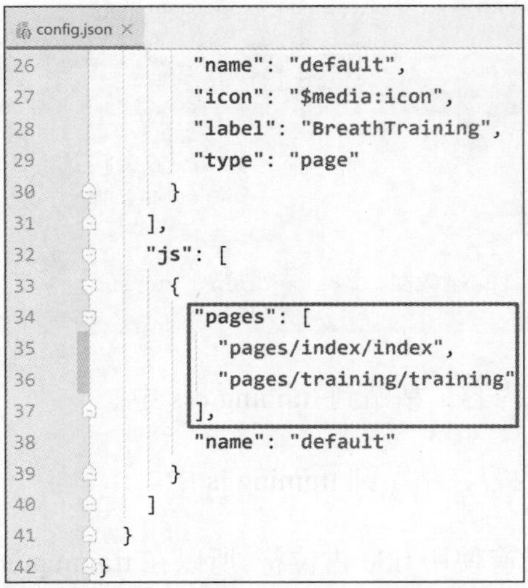

```
config.json ×
26            "name": "default",
27            "icon": "$media:icon",
28            "label": "BreathTraining",
29            "type": "page"
30          }
31        ],
32        "js": [
33          {
34            "pages": [
35              "pages/index/index",
36              "pages/training/training"
37            ],
38            "name": "default"
39          }
40        ]
41      }
42    }
```

图 3-25　config.json 中定义的页面 uri

打开 index.js 文件。

为了能够在主页面中单击按钮之后跳转到训练页面，可在 clickAction 函数的函数体中删除打印 log 的语句，并且添加一条页面跳转的语句 router.replace();。从'@system.router'中导入 router，并且在一对花括号中将训练页面的 uri 设置为'pages/training/ training'。

上述讲解如代码清单 3-7 所示。

代码清单 3-7　index.js

```
import router from '@system.router'

export default {
    data: {
        title: 'World'
    },
    clickAction() {
        console.log("我被点击了");
        router.replace({
```

```
            uri: 'pages/training/training'
        });
    }
}
```

保存所有代码后打开 Previewer，单击主页面中的按钮，跳转到了训练页面；单击训练页面中的按钮，跳转到了主页面。运行效果如图 3-26 和图 3-27 所示。

图 3-26　主页面

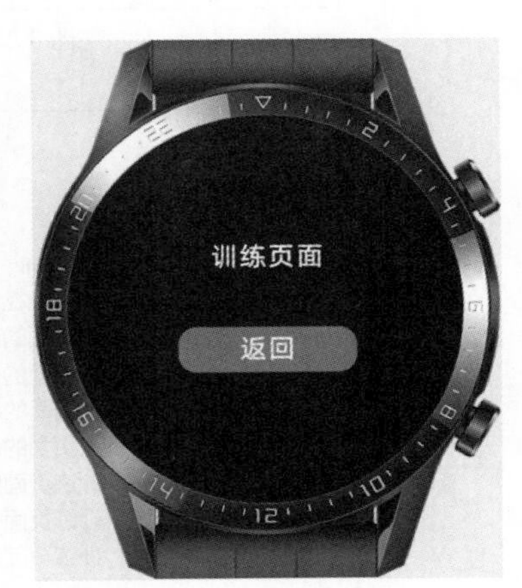

图 3-27　训练页面

3.3　任务 3：验证应用和每个页面的生命周期事件

3.3.1　运行效果

该任务的运行效果是这样的：主页面显示后，在 Debug 工具窗口中依次打印 log“应用正在创建”“主页面的 onInit()正在被调用”“主页面的 onReady()正在被调用”“主页面的 onShow()正在被调用”。运行效果如图 3-28 所示。

以主页面跳转到训练页面后，在 Debug 工具窗口中依次打印 log“主页面的 onDestroy()正在被调用”“训练页面的 onInit()正在被调用”“训练页面的 onReady()正在被调用”“训练页面的 onShow()正在被调用”。运行效果如图 3-29 所示。

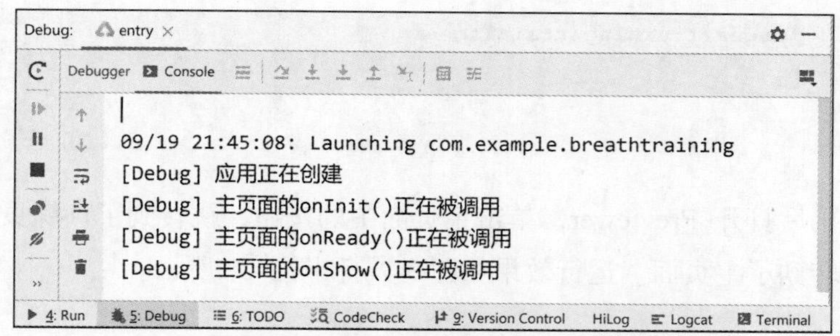

图 3-28　主页面显示后打印出的 log

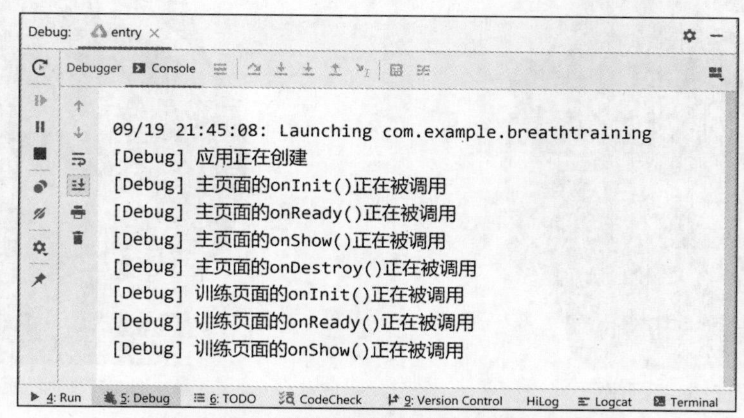

图 3-29　主页面跳转到训练页面后打印出的 log

3.3.2　实现思路

对于鸿蒙智能手表应用中的每个页面，在其从表盘上显示出来到其从表盘上消失的整个过程中，会在不同的阶段自动触发相应的生命周期事件。对于应用而言，在其生命周期的整个过程中，也会在不同的阶段自动触发相应的生命周期事件。

应用和页面的生命周期事件可以用图 3-30 来表示。

应用的生命周期事件有两个：在应用创建时会触发 onCreate 事件；在应用销毁时会触发 onDestroy 事件。

页面的生命周期事件有 4 个，分别是 onInit、onReady、onShow 和 onDestroy。其中，onInit 事件表示页面的数据已经准备好，可以使用 js 文件中的数据；onReady 事件表示页面已经编译完成，可以将页面显示给用户；onShow 事件表示页面正在显示；onDestroy 事件表示页面正在销毁。

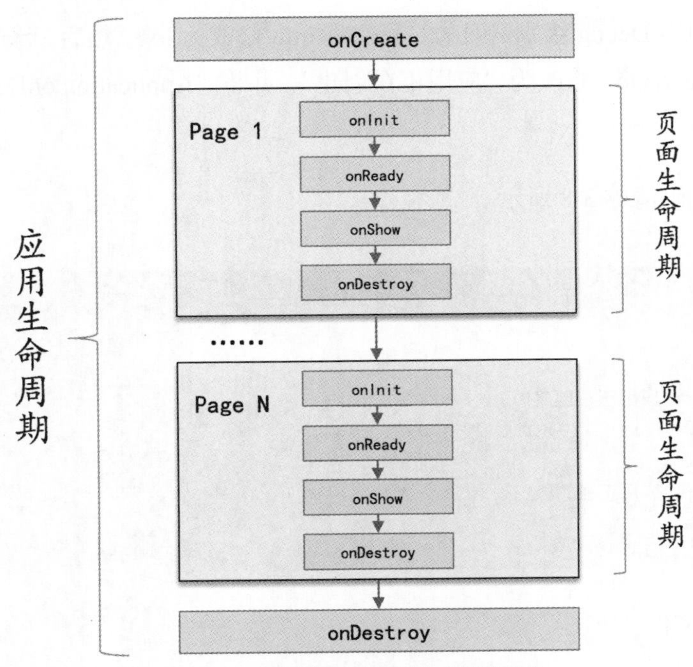

图 3-30 应用和每个页面的生命周期事件

无论是应用还是页面，当触发某个生命周期事件时都会自动调用与该事件同名的函数。

3.3.3 代码详解

打开项目中的 app.js 文件，这个文件用于全局的 JavaScript 逻辑和应用的生命周期管理。在 app.js 中已经默认实现了应用的两个生命周期事件函数 onCreate()和 onDestroy()。在这两个函数的函数体中各打印了一条 log，如图 3-31 所示。

```
app.js ×
1  export default {
2      onCreate() {
3          console.info("Application onCreate");
4      },
5      onDestroy() {
6          console.info("Application onDestroy");
7      }
8  };
```

图 3-31 默认实现的应用生命周期事件函数

为了能够打印出 Debug 级别的日志，我们将 info 修改为 log。然后，修改打印的 log 文本，将“Application onCreate”修改为“应用正在创建”，并将“Application onDestroy”修改为“应用正在销毁”。

上述讲解如代码清单 3-8 所示。

代码清单 3-8　app.js

```
export default {
    onCreate() {
        console.log("应用正在创建");
    },
    onDestroy() {
        console.log("应用正在销毁");
    }
};
```

打开 index.js 文件。

分别实现主页面的 4 个生命周期事件函数：onInit()、onReady()、onShow()和 onDestroy()，在函数体中分别打印 log“主页面的 onInit()正在被调用”“主页面的 onReady ()正在被调用”“主页面的 onShow ()正在被调用”“主页面的 onDestroy ()正在被调用”。

上述讲解如代码清单 3-9 所示。

代码清单 3-9　index.js

```
import router from '@system.router'

export default {
    data: {
        title: 'World'
    },
    clickAction() {
        router.replace({
                uri: 'pages/training/training'
            });
    },
    onInit() {
        console.log("主页面的 onInit() 正在被调用");
    },
    onReady() {
```

```
        console.log("主页面的 onReady()正在被调用");
    },
    onShow() {
        console.log("主页面的 onShow()正在被调用");
    },
    onDestroy() {
        console.log("主页面的 onDestroy()正在被调用");
    }
}
```

打开 training.js 文件。

分别实现训练页面的 4 个生命周期事件函数：onInit()、onReady()、onShow()和 onDestroy()，在函数体中分别打印 log“训练页面的 onInit()正在被调用”“训练页面的 onReady ()正在被调用”“训练页面的 onShow ()正在被调用”“训练页面的 onDestroy ()正在被调用”。

上述讲解如代码清单 3-10 所示。

代码清单 3-10 training.js

```
import router from '@system.router'

export default {
    data: {

    },
    clickAction() {
        router.replace({
            uri: 'pages/index/index'
        });
    },
    onInit() {
        console.log("训练页面的 onInit()正在被调用");
    },
    onReady() {
        console.log("训练页面的 onReady()正在被调用");
    },
    onShow() {
        console.log("训练页面的 onShow()正在被调用");
    },
    onDestroy() {
        console.log("训练页面的 onDestroy()正在被调用");
    }
}
```

为了能够看到打印出来的 log，我们在保存所有代码后以 Debug 模式运行应用。单击工具栏中的小虫子图标，在弹出的对话框中选中下面的 Huawei Lite Wearable Simulator，然后单击 OK 按钮。当 Simulator 中显示出主页面之后，打开 Debug 工具窗口就可以看到打印出的 log 了。首先打印 log“应用正在创建”，然后依次打印 log“主页面的 onInit()正在被调用”“主页面的 onReady()正在被调用”“主页面的 onShow()正在被调用”。运行效果如图 3-32 所示。

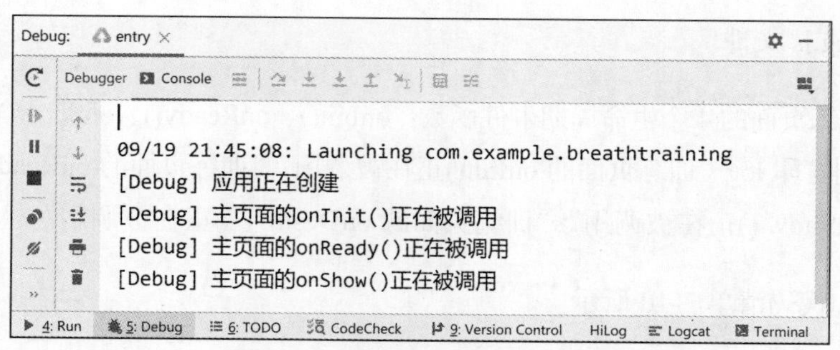

图 3-32　主页面显示后打印出的 log

在 Simulator 中单击主页面中的按钮，跳转到训练页面。Debug 工具窗口中首先打印 log“主页面的 onDestroy()正在被调用”，然后依次打印 log“训练页面的 onInit()正在被调用”“训练页面的 onReady()正在被调用”“训练页面的 onShow()正在被调用”。运行效果如图 3-33 所示。

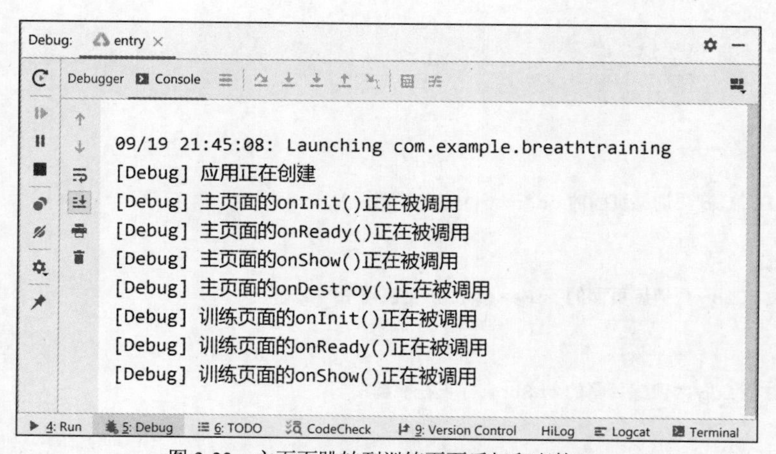

图 3-33　主页面跳转到训练页面后打印出的 log

通过打印出的 log 可知：当跳转到一个新页面时，当前页面就被销毁了。

注意：鸿蒙智能手表的应用中是没有后台页面的，在某一时刻只能运行并显示一个页面。

3.4　任务 4：在主页面中显示 logo 和两个选择器

3.4.1　运行效果

该任务实现的运行效果是这样的：在主页面的中部显示鸿蒙呼吸训练的 logo。logo 的左右两边各显示一个选择器。其中，左边的选择器用于设定呼吸训练的时长，单位是分，可选值有 1、2、3；右边的选择器用于设定每次呼气或吸气的节奏，可选值有较慢、舒缓、较快。运行效果如图 3-34 所示。

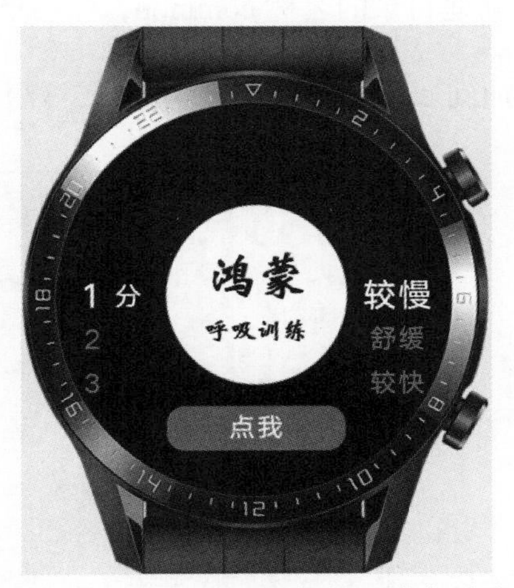

图 3-34　显示 logo 和两个选择器的主页面

3.4.2　实现思路

使用 image 组件显示鸿蒙呼吸训练的 logo。使用 picker-view 组件显示 logo 左右两边的选择器。

3.4.3　代码详解

在项目的/entry/src/main/js/default 目录上单击右键，在弹出的菜单中选中 New，然后在弹出的子菜单中单击 Directory，以新建一个用于存放图片资源的目录，如图 3-35 所示。

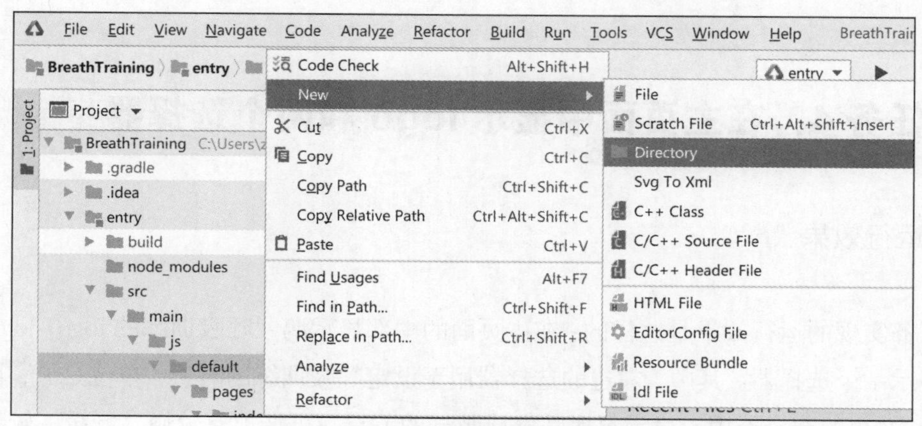

图 3-35　新建一个用于存放图片资源的目录

在弹出的对话框中，输入新建目录的名称 common，然后单击 OK 按钮，如图 3-36 所示。

把 logo 的图片 hm.png 添加到 common 目录中，如图 3-37 所示。

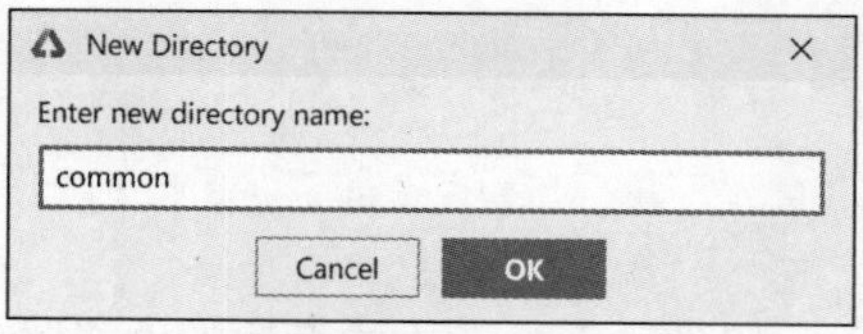

New Directory
Enter new directory name:
common
Cancel　OK

图 3-36　输入新建目录的名称

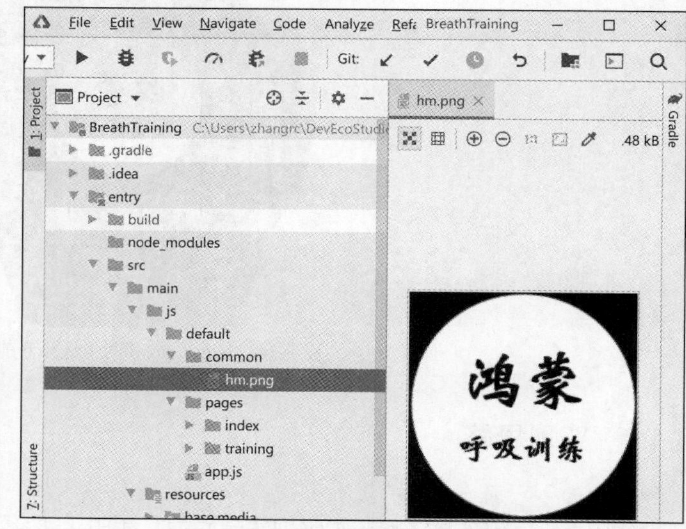

图 3-37　目录 common 中的 logo 图片

打开 index.hml 文件。

删除 text 组件的所有内容。添加一个 image 组件，以显示 logo 的图片。将 src 属性的值设置为“/common/hm.png”，以指定 logo 图片在项目中的位置。将 class 属性的值设置为“img”，以通过 index.css 中名为 img 的类选择器设置组件 image 的样式。

上述讲解如代码清单 3-11 所示。

代码清单 3-11 index.hml

```
<div class="container">
    <text class="title">
        Hello {{title}}
    </text>
    <image src="/common/hm.png" class="img" />
    <input type="button" value="点我" class="btn" onclick="clickAction" />
</div>
```

打开 index.js 文件。

因为在 index.hml 中删除了占位符 title，所以删除 title 及其动态数据绑定的值'World'。

上述讲解如代码清单 3-12 所示。

代码清单 3-12 index.js

```
import router from '@system.router'

export default {
    data: {
        title: 'World'
    },
    ......
}
```

打开 index.css 文件。

因为在 index.hml 中删除了 text 组件，所以删除 title 类选择器的所有内容。

添加一个名为 img 的类选择器，以设置 image 组件的样式。因为 logo 图片的宽度和高度都是 208px，所以将 width 和 height 的值都设置为 208px。

上述讲解如代码清单 3-13 所示。

代码清单 3-13　index.css

```
.container {
    flex-direction: column;
    justify-content: center;
    align-items: center;
    width: 454px;
    height: 454px;
}
.title {
    font-size: 30px;
    text-align: center;
    width: 200px;
    height: 100px;
}
.img {
    width: 208px;
    height: 208px;
}
.btn {
    width: 200px;
    height: 50px;
}
```

保存所有代码后打开 Previewer，在主页面中显示出了 logo 的图片。运行效果如图 3-38 所示。

接下来要实现的运行效果是：在 logo 的左右两边各显示一个选择器。运行效果如图 3-39 所示。

图 3-38　显示 logo 图片的主页面

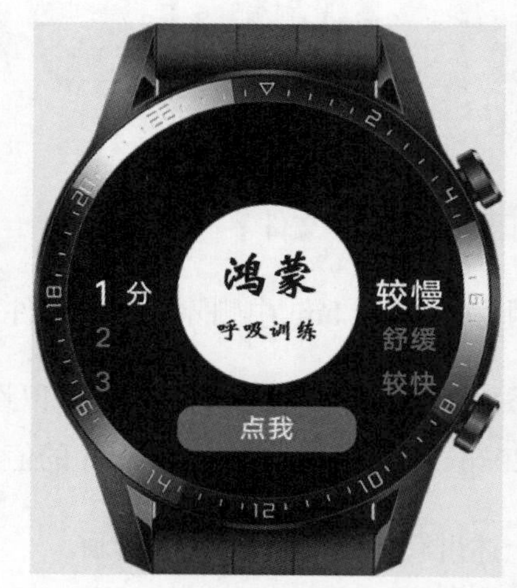

图 3-39　显示的 logo 和两个选择器的主页面

左边选择器的单位是“分”，这个“分”字并不是选择器的一部分，而是单独显示在一个文本框中。

通过观察主页面的结构，可以发现：左边的选择器、文本框、图片和右边的选择器这 4 个组件是横向排列的。因此，为了方便管理，可以把这 4 个组件单独放在一个容器中。

打开 index.hml 文件。

在 div 容器组件的内部嵌套一个 div 容器组件，将其 class 属性的值设置为“container2”，以通过 index.css 中名为 container2 的类选择器设置其样式。

对于外部的 div 容器组件，将其 class 属性的值设置为“container1”。

把 image 组件转移到最外层的 div 组件中。

在 image 组件的上方和下方各添加一个 picker-view 选择器组件，将 class 属性的值分别设置为“pv1”和“pv2”，并且通过动态数据绑定的方式将 range 属性的值分别设置为“{{picker1range}}”和“{{picker2range}}”。

在 image 组件的上方添加一个 text 组件。将 class 属性的值设置为“txt”，并将显示的文本设置为“分”。

上述讲解如代码清单 3-14 所示。

代码清单 3-14　index.hml

```
<div class="container1">
    <div class="container2">
        <picker-view class="pv1" range="{{picker1range}}" />
        <text class="txt">
            分
        </text>
        <image src="/common/hm.png" class="img" />
        <picker-view class="pv2" range="{{picker2range}}" />
    </div>
    <input type="button" value="点我" class="btn" onclick="clickAction" />
</div>
```

打开 index.css 文件。

将 container 类选择器的名称修改为 container1。

添加一个 container2 类选择器，以设置 div 嵌套容器组件的样式。将 flex-direction 的值设置为 row，以横向排列容器内的所有组件。将 justify-content 和 align-items 的值都设置为 center，让容器内的组件在水平方向和竖直方向都居中显示。将 margin-top 的值设置为 50px，让嵌套容器组件与表盘的上边缘保持一定的间距。将 width 的值设置为 454px，并将 height 的值设置为 250px。

添加一个 pv1 类选择器，以设置左边的 picker-view 选择器组件的样式。将 width 和 height 的值分别设置为 30px 和 250px。

添加一个 pv2 类选择器，以设置右边的 picker-view 选择器组件的样式。将 width 和 height 的值分别设置为 80px 和 250px。

添加一个 txt 类选择器，以设置显示“分”的这个文本框的样式。将 text-align 的值设置为 center，让文本框中的文本在水平方向上居中显示。将 width 和 height 的值分别设置为 50px 和 36px。

为了在 logo 的左右两边各留出一段空隙，在 img 类选择器中将 margin-left 和 margin-right 的值都设置为 15px。

上述讲解如代码清单 3-15 所示。

代码清单 3-15　index.css

```
.container1 {
    flex-direction: column;
    justify-content: center;
    align-items: center;
    width: 454px;
    height: 454px;
}
.container2 {
    flex-direction: row;
    justify-content: center;
    align-items: center;
    margin-top: 50px;
    width: 454px;
    height: 250px;
```

```
}
.pv1 {
   width: 30px;
   height: 250px;
}
.pv2 {
   width: 80px;
   height: 250px;
}
.txt {
   text-align: center;
   width: 50px;
   height: 36px;
}
.img {
   width: 208px;
   height: 208px;
   margin-left: 15px;
   margin-right: 15px;
}
.btn {
   width: 200px;
   height: 50px;
}
```

打开 index.js 文件。

对于 index.hml 中的占位符 picker1range 和 picker2range，在 data 中将这两个占位符的值分别指定为：["1", "2", "3"]和["较慢", "舒缓", "较快"]。

上述讲解如代码清单 3-16 所示。

代码清单 3-16　index.js

```
import router from '@system.router'

export default {
   data: {
       picker1range: ["1", "2", "3"],
       picker2range: ["较慢", "舒缓", "较快"]
   },
   clickAction() {
      router.replace({
```

```
            uri: 'pages/training/training'
        });
    },
    ......
}
```

保存所有代码后打开 Previewer，在 logo 的左右两边各显示出了一个选择器。其中，左边的选择器用于设定呼吸训练的时长，单位是分，可选值有 1、2、3；右边的选择器用于设定每次呼气或吸气的节奏，可选值有较慢、舒缓、较快。运行效果如图 3-40 所示。

图 3-40 显示 logo 和两个选择器的主页面

3.5 任务 5：指定选择器的默认选中项并获取选中项的值

3.5.1 运行效果

该任务实现的运行效果是这样的：主页面中的两个选择器都默认选中了中间的选项。运行效果如图 3-41 所示。

当手动改变某个选择器的选中项时，会将选中项的值打印到 log 中。运行效果如图 3-42 所示。

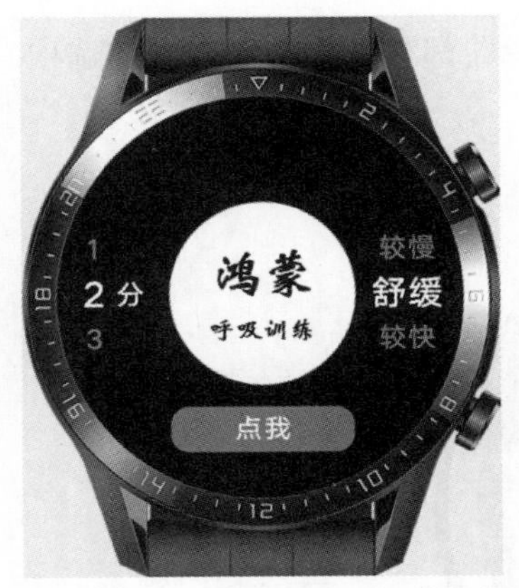

图 3-41 默认选中中间选项的两个选择器

图 3-42 log 中打印的手动选中项的值

3.5.2 实现思路

通过 selected 属性设置选择器的默认选中项。当改变某个选择器的选中项时会触发 onchange 事件。可以在触发 onchange 事件时让系统自动调用我们指定的自定义函数。系统会将选中项的值传递给自定义函数的形参。这样，就可以在函数体中通过形参获取选中项的值了。

3.5.3 代码详解

打开 index.hml 文件。

在两个选择器组件 picker-view 中各添加一个 selected 属性，并将属性值都设置为“1”。

上述讲解如代码清单 3-17 所示。

代码清单 3-17 index.hml

```
<div class="container1">
   <div class="container2">
      <picker-view class="pv1" range="{{picker1range}}" selected="1" />
      <text class="txt">
         分
      </text>
      <image src="/common/hm.png" class="img" />
      <picker-view class="pv2" range="{{picker2range}}" selected="1" />
   </div>
   <input type="button" value="点我" class="btn" onclick="clickAction" />
</div>
```

保存所有代码后打开 Previewer，主页面中的两个选择器都默认选中了中间的选项。运行效果如图 3-43 所示。

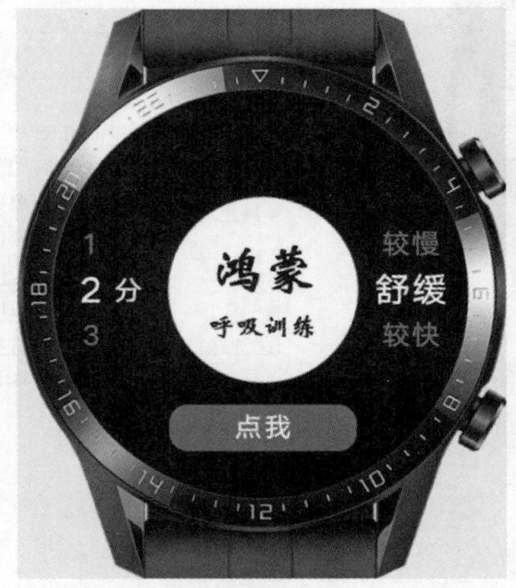

图 3-43　默认选中中间选项的两个选择器

打开 index.js 文件。

添加一个名为 changeAction1 的自定义函数，以响应左边选择器的 onchange 事件。在函数中定义一个名为 pv 的形参，这样，在函数体中就可以通过 pv.newValue 获取选中项的值了。获取之后，将其打印到 log 中。

同样，再添加一个名为 changeAction2 的自定义函数，以响应右边选择器的 onchange 事件。在函数体中将选中项的值打印到 log 中。

上述讲解如代码清单 3-18 所示。

代码清单 3-18　index.js

```
import router from '@system.router'

export default {
    ......
    clickAction() {
        router.replace({
              uri: 'pages/training/training'
          });
    },
     changeAction1(pv) {
```

```
        console.log("左边的选中项：" + pv.newValue);
    },
    changeAction2(pv) {
        console.log("右边的选中项：" + pv.newValue);
    },
    ......
}
```

打开 index.hml 文件。

在两个选择器组件 picker-view 中各添加一个 onchange 属性，并将属性值分别设置为两个自定义函数的函数名：changeAction1 和 changeAction2。

上述讲解如代码清单 3-19 所示。

代码清单 3-19　index.hml

```
<div class="container1">
    <div class="container2">
        <picker-view class="pv1" range="{{picker1range}}" selected="1" onchange="changeAction1" />
        <text class="txt">
            分
        </text>
        <image src="/common/hm.png" class="img" />
        <picker-view class="pv2" range="{{picker2range}}" selected="1" onchange="changeAction2" />
    </div>
    <input type="button" value="点我" class="btn" onclick="clickAction" />
</div>
```

当改变某个选择器的选中项时会触发 onchange 事件，系统就会自动调用我们指定的 changeAction1 或 changeAction2 自定义函数，从而将选中项的值传递给自定义函数的 pv 形参。这样，就可以在函数体中通过 pv.newValue 获取选中项的值了。

保存所有代码后以 Debug 模式运行应用。当 Simulator 中显示出主界面之后，在 Debug 工具窗口中依次打印出了 log“左边的选中项：2”“右边的选中项：舒缓”。运行效果如图 3-44 所示。这说明对于我们指定的默认选中项，也会触发选择器的 onchange 事件。

将左边的选择器手动选择为“3”，此时会触发左边选择器的 onchange 事件，从而将选中项的值打印到 log 中。在 Debug 工具窗口中打印出了 log“左边的选中项：3”。将右边的选择器手动选择为“较慢”，此时会触发右边选择器的 onchange 事件，从而将选中项的值打印到 log

中。在 Debug 工具窗口中打印出了 log“右边的选中项：较慢”。运行效果如图 3-45 所示。

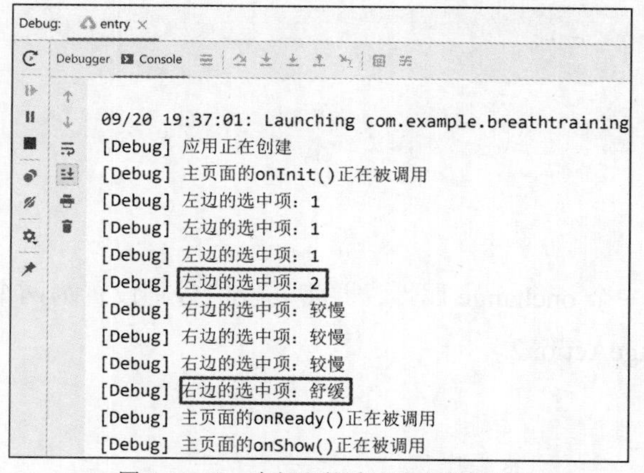

图 3-44　log 中打印的默认选中项的值

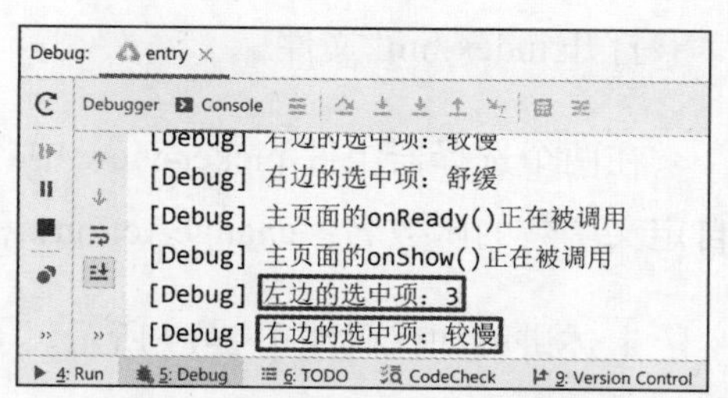

图 3-45　log 中打印的手动选中项的值

3.6　任务 6：将主页面中选择器的值传递到训练页面

3.6.1　运行效果

该任务实现的运行效果是这样的：在主页面中将左边的选择器手动选择为“3”，并将右边的选择器手动选择为“较快”。单击主页面中的按钮以跳转到训练页面。在 Debug 工具窗口中依次打印 log“接收到的左边选择器的值：3”“接收到的右边选择器的值：较快”。运行效果如图 3-46 所示。

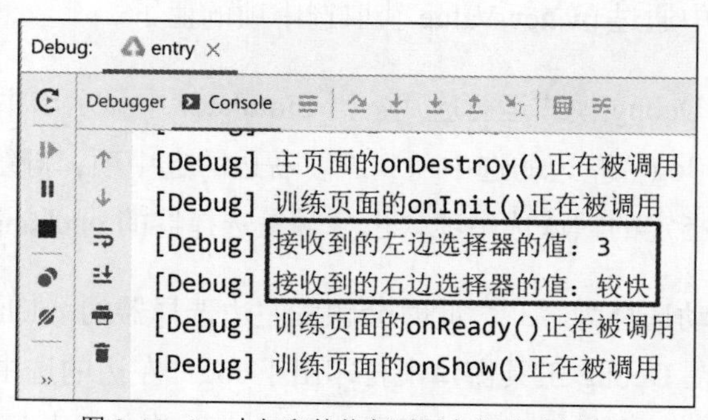

图 3-46　log 中打印的从主页面中传递过来的值

3.6.2　实现思路

在主页面跳转到训练页面时，通过 params 指定要传递的数据。所有要传递的数据都作为 value 存放在一个字典中。在训练页面的生命周期事件函数 onInit()中，从字典中取出 value 以获取传递过来的数据。

3.6.3　代码详解

因为指定的默认选中项会触发选择器的 onchange 事件，所以在单击主页面中的按钮之前，在触发 onchange 事件时先将两个选中项的值保存起来。

打开 index.js 文件。

声明 picker1value 和 picker2value 两个全局变量，将其初始值都设置为 null。

在 changeAction1 函数的函数体中，将选中项的值赋值给 picker1value 变量。在 changeAction2 函数的函数体中，将选中项的值赋值给 picker2value 变量。

在单击主页面中的按钮进行页面跳转时，不仅要通过 uri 指定目标页面，还要通过 params 指定要传递的数据。所有要传递的数据都作为 value 存放在一个字典中。当跳转到训练页面时，我们可以将两个选择器的值存放在这样一个字典中：{"data1": picker1value, "data2": picker2value}。

上述讲解如代码清单 3-20 所示。

代码清单 3-20　index.js

```
import router from '@system.router'

var picker1value = null;
var picker2value = null;

export default {
   data: {
        picker1range: ["1", "2", "3"],
        picker2range: ["较慢", "舒缓", "较快"]
   },
   clickAction() {
```

```
        router.replace({
                uri: 'pages/training/training',
                params: {"data1": picker1value, "data2": picker2value}
        });
    },
    changeAction1(pv) {
        console.log("左边的选中项: " + pv.newValue);
        picker1value = pv.newValue;
    },
    changeAction2(pv) {
        console.log("右边的选中项: " + pv.newValue);
        picker2value = pv.newValue;
    },
    ......
}
```

打开 training.js 文件。

在生命周期事件函数 onInit()中获取主页面传递过来的值，并将其打印到 log 中。因为两个选择器的值存放在了一个字典中，并且对应的 key 分别是 data1 和 data2，所以在训练页面中可以通过 this.data1 获取传递过来的左边选择器的值，并通过 this.data2 获取传递过来的右边选择器的值。

上述讲解如代码清单 3-21 所示。

代码清单 3-21　training.js

```
import router from '@system.router'

export default {
    data: {

    },
    ......
    onInit() {
        console.log("训练页面的 onInit()正在被调用");

        console.log("接收到的左边选择器的值: " + this.data1);
        console.log("接收到的右边选择器的值: " + this.data2);
    },
    ......
}
```

保存所有代码后以 Debug 模式运行应用。在主页面中将左边的选择器手动选择为“3”，并将右边的选择器手动选择为“较快”。单击主页面中的按钮以跳转到训练页面。在 Debug 工具窗口中依次打印出了 log “接收到的左边选择器的值：3”“接收到的右边选择器的值：较快”。运行效果如图 3-47 所示。

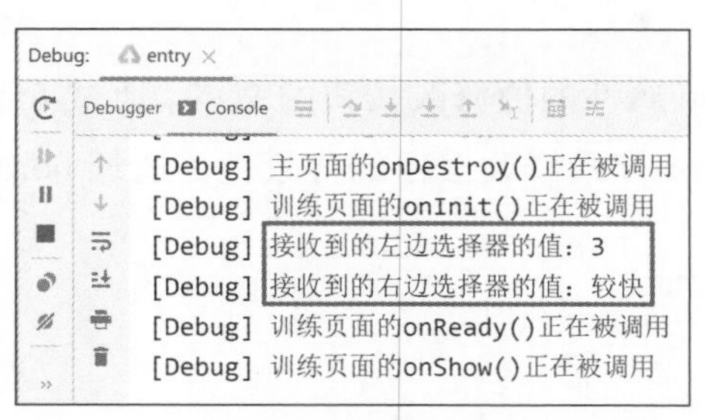

图 3-47 log 中打印的从主页面中传递过来的值

3.7 任务 7：修改主页面和训练页面中按钮的文本及样式

3.7.1 运行效果

该任务实现的运行效果是这样的：在主页面中，按钮的背景色显示为黑色；按钮的文本显示为“单击开始”；按钮的文本比之前显示得大一些。运行效果如图 3-48 所示。

在训练页面中，按钮的背景色显示为黑色，按钮的文本显示为“单击重新开始”，按钮的文本比之前显示得大一些。此外，按钮与其上面的文本框的间隔距离比之前变大一些。运行效果如图 3-49 所示。

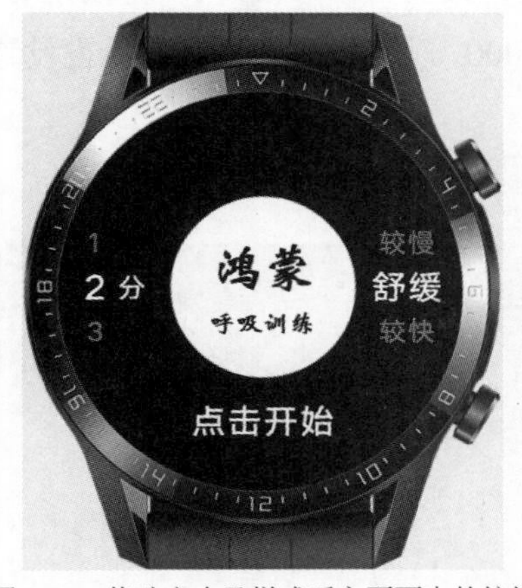

图 3-48 修改文本及样式后主页面中的按钮

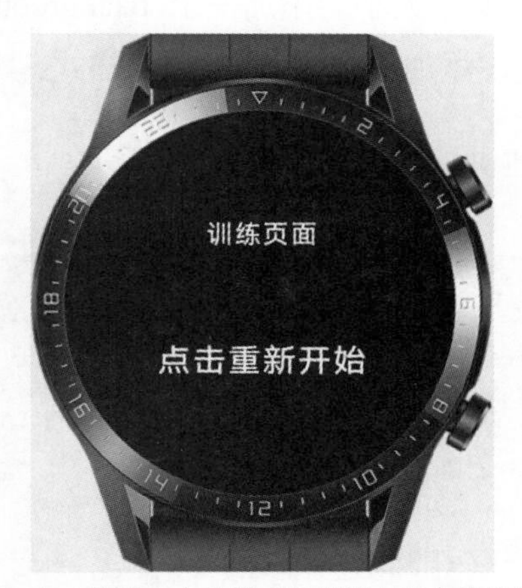

图 3-49 修改文本及样式后训练页面中的按钮

3.7.2　实现思路

通过 input 组件的 value 属性的值修改按钮的文本。通过 font-size 样式修改按钮的文本大小。通过 background-color 样式修改按钮的背景色。通过 border-color 样式修改按钮的边框颜色。

3.7.3　代码详解

打开 index.hml 文件。

将 input 组件的 value 属性的值修改为“单击开始”，以修改主页面上按钮的显示文本。

上述讲解如代码清单 3-22 所示。

代码清单 3-22　index.hml

```
<div class="container1">
   ......
   <input type="button" value="单击开始" class="btn" onclick="clickAction" />
</div>
```

打开 index.css 文件。

通过 btn 类选择器修改主页面上按钮的样式。添加一个 font-size 样式，其值为 38px，以设置按钮的文本大小。添加一个 background-color 样式，其值为#000000，以将按钮的背景色设置为黑色。添加一个 border-color 样式，其值也为#000000，以将按钮的边框颜色也设置为黑色。

上述讲解如代码清单 3-23 所示。

代码清单 3-23　index.css

```
......
.img {
   width: 208px;
   height: 208px;
   margin-left: 15px;
   margin-right: 15px;
}
```

```
.btn {
    width: 200px;
    height: 50px;
    font-size: 38px;
    background-color: #000000;
    border-color: #000000;
}
```

保存所有代码后打开 Previewer，主页面中按钮的背景色显示为了黑色，按钮的文本显示为“单击开始”，按钮的文本比之前显示得大一些了。运行效果如图 3-50 所示。

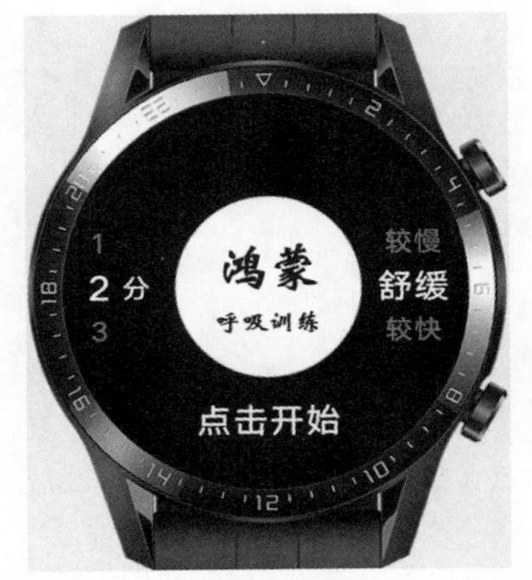

图 3-50　修改文本及样式后主页面中的按钮

接下来，对训练页面的按钮也做类似的修改。

打开 training.hml 文件。

将 input 组件的 value 属性的值修改为“单击重新开始”，以修改训练页面上按钮的显示文本。

上述讲解如代码清单 3-24 所示。

代码清单 3-24　training.hml

```
<div class="container">
    <text class="title">
        训练页面
    </text>
    <input type="button" value="单击重新开始" class="btn" onclick="clickAction" />
</div>
```

打开 training.css 文件。

通过 btn 类选择器修改训练页面上按钮的样式。添加一个 font-size 样式，其值为 38px，以设置按钮的文本大小。文本变大了之后，可能会导致按钮的宽度不够，因此将 width 的值修改为 300px。添加一个 background-color 样式，其值为#000000，以将按钮的背景色设置为黑色。添加一个 border-color 样式，其值也为#000000，以将按钮的边框颜色也设置为黑色。添加一个 margin-top 样式，其值为 40px，以让按钮与其上面的文本框保持一定的间距。

上述讲解如代码清单 3-25 所示。

代码清单 3-25　training.css

```
......
.btn {
    width: 300px;
    height: 50px;
    font-size: 38px;
    background-color: #000000;
    border-color: #000000;
    margin-top: 40px;
}
```

保存所有代码后打开 Previewer，训练页面中按钮的背景色显示为了黑色，按钮的文本显示为“单击重新开始”，按钮的文本比之前显示得大一些了。此外，按钮与其上面的文本框的间隔距离比之前变大了一些。运行效果如图 3-51 所示。

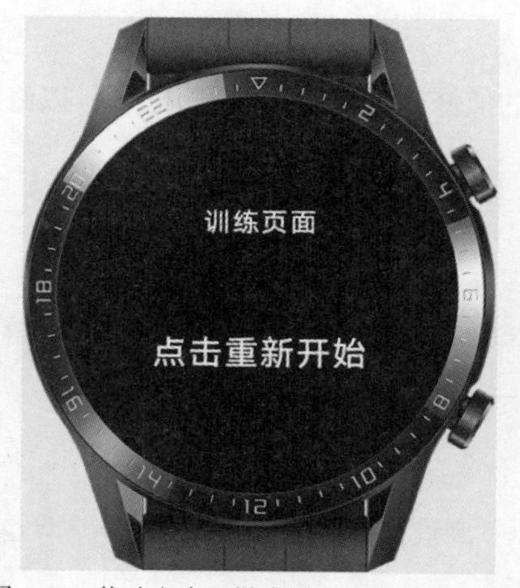

图 3-51　修改文本及样式后训练页面中的按钮

3.8　任务 8：在训练页面显示总共需要坚持的秒数

3.8.1　运行效果

该任务实现的运行效果是这样的：在主页面中将左边选择器的值手动选择为“3”，然后单击主页面中的按钮后跳转到训练页面，训练页面中显示“总共需要坚持 180 秒”。运行效果如图 3-52 所示。

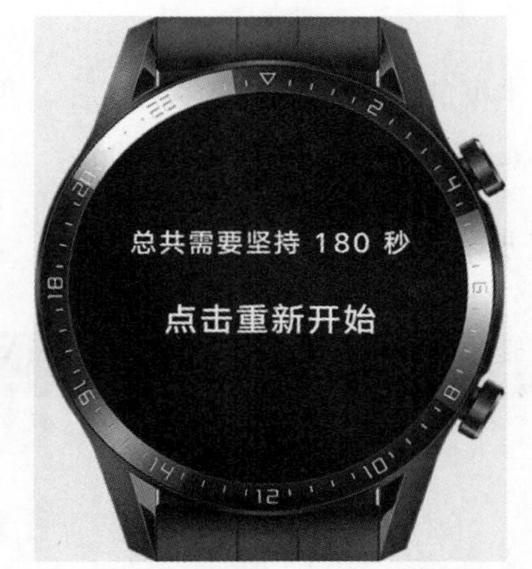

图 3-52　显示总共需要坚持多少秒数的训练页面

3.8.2　实现思路

在训练页面显示之前，在其生命周期事件函数 onInit()中对左边选择器的值进行转换，从而将分钟数转换为秒数。

3.8.3　代码详解

打开 training.hml 文件。

将 text 组件的显示文本修改为“总共需要坚持 {{seconds}} 秒”。因为需要坚持的秒数取决于主页面中左边选择器的值，所以这里采用动态数据绑定的方式。

上述讲解如代码清单 3-26 所示。

代码清单 3-26　training.hml

```
<div class="container">
    <text class="title">
        总共需要坚持 {{seconds}} 秒
    </text>
    <input type="button" value="单击重新开始" class="btn" onclick="clickAction" />
</div>
```

打开 training.css 文件。

通过 title 类选择器修改文本框的样式。文本变多了之后，可能会导致文本框的宽度不够，因此将 width 的值修改为 400px，将 height 的值修改为 40px。

上述讲解如代码清单 3-27 所示。

代码清单 3-27　training.css

```
......
.title {
    font-size: 30px;
    text-align: center;
    width: 400px;
    height: 40px;
}
......
```

打开 training.js 文件。

在 data 中将 seconds 占位符的值初始化为 0。

声明 picker1value 和 picker2value 两个全局变量，将其初始值都设置为 null。

在生命周期事件函数 onInit()中，将获取到的两个选择器的值分别赋值给 picker1value 和 picker2value 变量。

对于主页面中左边选择器的值，其单位是分，而在训练页面中要显示的是总共需要坚持的秒数，因此需要根据单位进行数值转换。声明一个全局变量 picker1seconds，该变量用于保存左边选择器的值转换之后得到的秒数。将其初始值设置为 null。在 onInit()函数中对左边选择器的值进行转换，转换规则为：如果 picker1value 的值为“1”，就转换为 60 并赋值给 picker1seconds；如果 picker1value 的值为“2”，就转换为 120 并赋值给 picker1seconds；如果 picker1value 的值为“3”，就转换为 180 并赋值给 picker1seconds。转换之后将 picker1seconds 赋值给 this.seconds，这样在训练页面显示之前，seconds 占位符被再次初始化为转换之后得到的秒数。

上述讲解如代码清单 3-28 所示。

代码清单 3-28 training.js

```
import router from '@system.router'

var picker1value = null;
var picker2value = null;

var picker1seconds = null;

export default {
    data: {
        seconds: 0
    },
    clickAction() {
        router.replace({
            uri: 'pages/index/index'
        });
    },
    onInit() {
        console.log("训练页面的 onInit()正在被调用");

        console.log("接收到的左边选择器的值：" + this.data1);
        console.log("接收到的右边选择器的值：" + this.data2);

        picker1value = this.data1;
        picker2value = this.data2;

        if(picker1value == "1") {
            picker1seconds = 60;
        } else if(picker1value == "2") {
            picker1seconds = 120;
        } else if(picker1value == "3") {
            picker1seconds = 180;
```

```
        }

        this.seconds = picker1seconds;
    },
......
}
```

注意：在把左边选择器的值转换为对应的秒数时，为了方便初学者学习，我们使用了 if/else 语句对其逐一进行转换。这种转换方式比较容易理解，但是它非常笨拙。按照 JavaScript 的语法，还有更简单的写法：picker1seconds = picker1value * 60;。在 JavaScript 中，一个表示整数的字符串与一个整数相乘，运算结果为整数类型。

保存所有代码后打开 Previewer，在主页面中将左边选择器的值手动选择为“3”，然后单击主页面中的按钮后跳转到训练页面，训练页面中显示出“总共需要坚持 180 秒”。运行效果如图 3-53 所示。

图 3-53　显示总共需要坚持多少秒数的训练页面

3.9　任务 9：在训练页面倒计时显示再坚持的秒数

3.9.1　运行效果

该任务实现的运行效果是这样的：单击主页面中的按钮跳转到训练页面。在训练页面中每隔 1 秒更新显示一次再坚持的秒数。运行效果如图 3-54 所示。

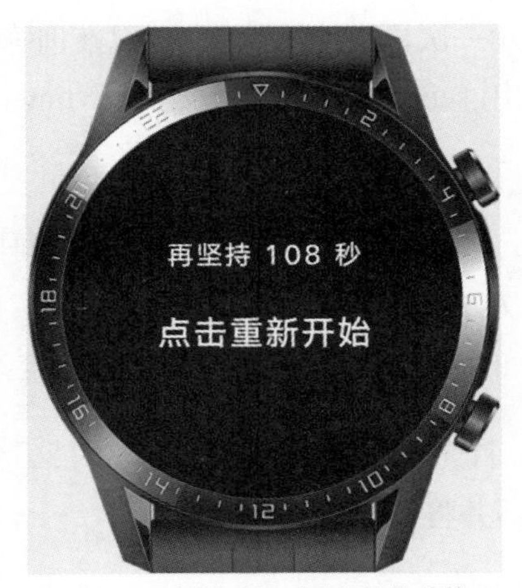

图 3-54 倒计时显示再坚持的秒数

3.9.2 实现思路

在训练页面的生命周期事件函数 onShow()中调用 setInterval()函数创建一个定时器，并在调用时指定定时器要执行的动作以及时间间隔。

3.9.3 代码详解

打开 training.hml 文件。

将 text 组件显示的文本“总共需要坚持”修改为“再坚持”。

上述讲解如代码清单 3-29 所示。

代码清单 3-29 training.hml

```
<div class="container">
   <text class="title">
      再坚持 {{seconds}} 秒
   </text>
   <input type="button" value="单击重新开始" class="btn" onclick="clickAction" />
</div>
```

打开 training.js 文件。

为了能够每隔 1 秒更新显示一次再坚持的秒数，可以在训练页面正在显示时，也就是在生命周期事件函数 onShow()中调用 setInterval()函数创建一个 timer1 定时器，在调用时指定定时器要执行的动作以及时间间隔。

创建一个全局变量 timer1，将其初始值设置为 null。因为每隔 1 秒更新显示一次，所以将 setInterval()的第 2 个实参指定为 1000，单位是毫秒。第 1 个实参指定定时器要执行的动作。我们可以自定义一个名为 run1 的函数，然后将第 1 个实参指定为 this.run1。

在 run1()函数的函数体中，首先让 this.seconds 自减 1，然后判断 this.seconds 是否为 0，如果为 0，那就清除 timer1 定时器并将 timer1 置为 null。

当单击训练页面中的按钮跳转到主页面时，需要首先在 clickAction()函数中清除 timer1 定时器并将 timer1 置为 null。

上述讲解如代码清单 3-30 所示。

代码清单 3-30 training.js

```
......

var picker1seconds = null;

var timer1 = null;

export default {
    data: {
        seconds: 0
    },
    clickAction() {
        clearInterval(timer1);
        timer1 = null;

        router.replace({
            uri: 'pages/index/index'
        });
    },
    run1() {
        this.seconds--;
        if(this.seconds == 0) {
            clearInterval(timer1);
```

```
            timer1 = null;
        }
    },
    ......
    onShow() {
        console.log("训练页面的 onShow()正在被调用");

        timer1 = setInterval(this.run1, 1000);
    },
    onDestroy() {
        console.log("训练页面的 onDestroy()正在被调用");
    }
}
```

保存所有代码后打开 Previewer，单击主页面中的按钮跳转到训练页面。在训练页面中每隔 1 秒更新显示一次再坚持的秒数。运行效果如图 3-55 所示。

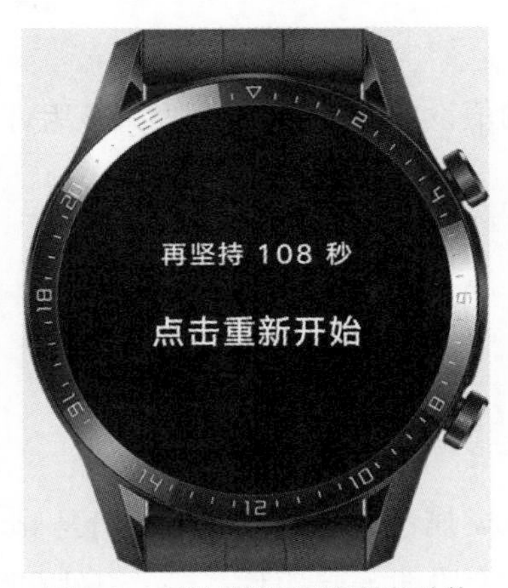

图 3-55　倒计时显示再坚持的秒数

3.10　任务 10：再坚持的秒数在倒计时结束时隐藏显示的文本

3.10.1　运行效果

该任务实现的运行效果是这样的：单击主页面中的按钮跳转到训练页面，训练页面中倒计时显示再坚持的秒数，再坚持的秒数在倒计时结束时会隐藏显示的文本，从而变为不可见。运行效果如图 3-56 所示。

图 3-56　再坚持的秒数变为不可见

3.10.2　实现思路

将某个组件的 show 属性的值设置为 false 从而隐藏该组件。隐藏组件之后，它在页面中所占的空间仍然是存在的。

3.10.3　代码详解

打开 training.hml 文件。

在 text 组件中添加一个 show 属性，该属性的默认值是 true，表示显示 text 组件。如果将 show 属性的值设置为 false，就会隐藏 text 组件。text 组件在隐藏之后，它只是变为不可见，并没有从页面中删除，因此它所占的空间仍然是存在的。

通过动态数据绑定的方式指定 show 属性的值，将占位符的名称指定为 isShow。

上述讲解如代码清单 3-31 所示。

代码清单 3-31　training.hml

```
<div class="container">
    <text class="title" show="{{isShow}}">
        再坚持 {{seconds}} 秒
    </text>
    <input type="button" value="单击重新开始" class="btn" onclick="clickAction" />
</div>
```

打开 training.js 文件。

在 data 中将 isShow 占位符初始化为 true。

在倒计时结束时，将 isShow 占位符设置为 false，从而隐藏文本框显示的文本，将其变为不可见。

上述讲解如代码清单 3-32 所示。

代码清单 3-32　training.hml

```
......

export default {
    data: {
        seconds: 0,
        isShow: true
    },
    clickAction() {
        clearInterval(timer1);
        timer1 = null;

        router.replace({
            uri: 'pages/index/index'
        });
    },
    run1() {
        this.seconds--;
        if(this.seconds == 0) {
            clearInterval(timer1);
            timer1 = null;

            this.isShow = false;
        }
    },
    ......
}
```

保存所有代码后打开 Previewer，单击主页面中的按钮跳转到训练页面。训练页面中倒计时显示再坚持的秒数，再坚持的秒数在倒计时结束时会隐藏显示的文本，变为不可见。运行效果如图 3-57 所示。

图 3-57　再坚持的秒数变为不可见

3.11　任务 11：在训练页面根据呼吸节奏交替显示“吸气”和“呼气”

3.11.1　运行效果

该任务实现的运行效果是这样的：单击主页面中的按钮跳转到训练页面，训练页面中根据主页面选择的呼吸节奏交替显示“吸气”和“呼气”。当本次呼吸训练结束时，显示“已完成”。运行效果如图 3-58、图 3-59 和图 3-60 所示。

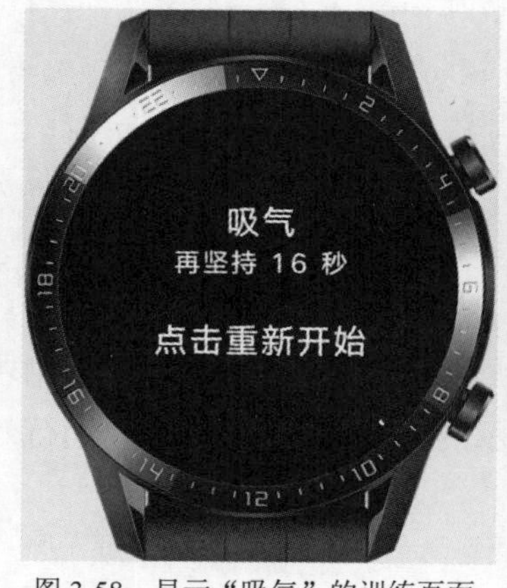

图 3-58　显示“吸气”的训练页面

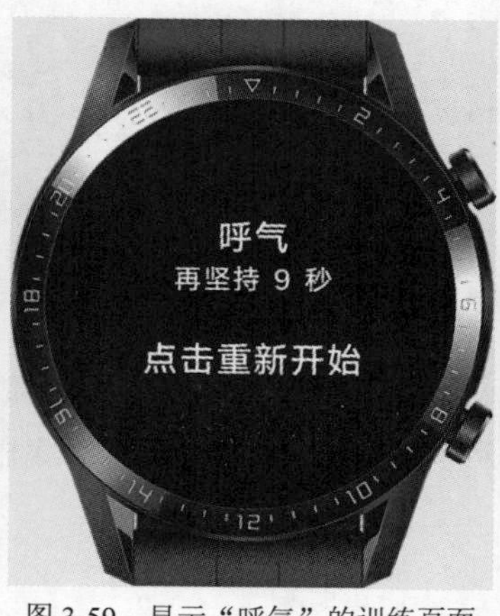

图 3-59　显示“呼气”的训练页面

图 3-60　显示“已完成”的训练页面

3.11.2 实现思路

在训练页面的生命周期事件函数 onShow()中调用 setInterval()创建一个定时器，并在调用时指定定时器要执行的动作以及时间间隔。

3.11.3 代码详解

打开 training.hml 文件。

在“再坚持的秒数”的上方添加一个 text 组件，以交替显示“吸气”和“呼气”。将 class 属性的值设置为“txt1”，以通过 training.css 中名为 txt1 的类选择器设置文本框的样式。通过动态数据绑定的方式指定文本框中显示的文本，并将占位符的名称指定为 breath。

为了命名上的统一，将“再坚持的秒数”对应的类选择器名称修改为 txt2。

上述讲解如代码清单 3-33 所示。

代码清单 3-33　training.hml

```
<div class="container">
    <text class="txt1">
        {{breath}}
    </text>
    <text class="txt2" show="{{isShow}}">
        再坚持 {{seconds}} 秒
    </text>
    <input type="button" value="单击重新开始" class="btn" onclick="clickAction" />
</div>
```

打开 training.css 文件。

将 title 类选择器的名称修改为 txt2。

在 txt2 类选择器的上方添加一个名为 txt1 的类选择器，以设置“吸气”和“呼气”所对应的文本框的样式。将 font-size 字体大小的值设置为 38px。将文本的 text-align 对齐方式设置为 center，以居中对齐文本框中的文本。将 width 的值设置为最大值 454px，并将 height 的值设置为 40px。

为了与下面的文本框保持一定的间距，将 margin-bottom 样式的值设置为 10px。

上述讲解如代码清单 3-34 所示。

代码清单 3-34　training.css

```
.container {
    flex-direction: column;
    justify-content: center;
    align-items: center;
    width: 454px;
    height: 454px;
}
.txt1 {
    font-size: 38px;
    text-align: center;
    width: 454px;
    height: 40px;
    margin-bottom: 10px;
}
.txt2 {
    font-size: 30px;
    text-align: center;
    width: 400px;
    height: 40px;
}
......
```

打开 training.js 文件。

在 data 中给 breath 占位符指定一个初始值“吸气”。

在主页面中可以选择的呼吸节奏有 3 个选项：较慢、舒缓、较快。到底何为较慢，何为舒缓，何为较快呢？我们要将其定量，比如，每 6 秒吸气或呼气一次称之为较慢；每 4 秒吸气或呼气一次称之为舒缓；每 2 秒吸气或呼气一次称之为较快。因此，需要对主页面中选择的呼吸节奏进行转换。

定义一个全局变量 picker2seconds，用于保存转换后得到的秒数。在训练页面的生命周期事件函数 onInit()中，对右边选择器的 picker2value 值进行转换，转换规则为：如果 picker2value 的值为“较慢”，就转换为 6 然后赋值给 picker2seconds；如果 picker2value 的值为“舒缓”，就转换为 4 然后赋值给 picker2seconds；如果 picker2value 的值为“较快”，就转换为 2 然后赋值给 picker2seconds。

为了能够交替显示“吸气”和“呼气”，可以在训练页面正在显示时，也就是在生命周期事件函数 onShow()中再调用 setInterval()创建一个 timer2 定时器，在调用时指定定时器要执行的动作以及时间间隔。创建一个全局变量 timer2，将其初始值设置为 null。将 setInterval()的第 2 个实参指定为 picker2seconds * 1000，以指定时间间隔，单位是毫秒。因为第 1 个实参指定定时器要执行的动作，所以我们可以自定义一个名为 run2 的函数，然后将第 1 个实参指定为 this.run2。

对于主页面中选择的呼吸时长，为了能够在训练页面中判断是否已经呼吸结束，可声明一个全局变量 counter 作为计数器，将其初始值设置为 0。

在 run2 函数的函数体中，首先让 counter 自增 1，然后判断 counter 是否为吸气和呼气的总次数，也就是左边的选择器转换后的 picker1seconds 值除以右边的选择器转换后的 picker2seconds 值。如果计数器达到了吸气和呼气的总次数，那么本次呼吸训练结束，清除 timer2 定时器并将 timer2 置为 null。此外，将 breath 占位符设置为“已完成”。如果计数器还没有达到吸气和呼气的总次数，也就是本次呼吸训练还没有结束，那就切换显示的文本。如果 breath 占位符的值为“吸气”，那就将其修改为“呼气”；如果 breath 占位符的值为“呼气”，那就将其修改为“吸气”。

当单击训练页面中的按钮跳转到主页面时，在 clickAction()函数中清除 timer2 定时器并将 timer2 置为 null。

为了方便测试，将左边的选择器转换后的值都修改得小一点儿，否则等待的时间太长。当左边选择器的值为“1”时，将其转换为 12；当左边选择器的值为“2”时，将其转换为 24；当左边选择器的值为“3”时，将其转换为 36。

上述讲解如代码清单 3-35 所示。

代码清单 3-35　training.js

```
......

var picker1seconds = null;
var picker2seconds = null;

var timer1 = null;
```

```
var timer2 = null;

var counter = 0;

export default {
    data: {
        seconds: 0,
        isShow: true,
        breath: "吸气"
    },
    clickAction() {
        clearInterval(timer1);
        timer1 = null;

        clearInterval(timer2);
        timer2 = null;

        router.replace({
            uri: 'pages/index/index'
        });
    },
    run1() {
        this.seconds--;
        if(this.seconds == 0) {
            clearInterval(timer1);
            timer1 = null;

            this.isShow = false;
        }
    },
    run2() {
        counter++;
        if(counter == picker1seconds / picker2seconds) {
            clearInterval(timer2);
            timer2 = null;
            this.breath = "已完成";
        } else {
            if(this.breath == "吸气") {
                this.breath = "呼气";
            } else if(this.breath == "呼气") {
                this.breath = "吸气";
            }
        }
    },
    onInit() {
        console.log("训练页面的 onInit()正在被调用");
```

```
        console.log("接收到的左边选择器的值：" + this.data1);
        console.log("接收到的右边选择器的值：" + this.data2);

        picker1value = this.data1;
        picker2value = this.data2;

        if(picker1value == "1") {
            picker1seconds = 12;
        } else if(picker1value == "2") {
            picker1seconds = 24;
        } else if(picker1value == "3") {
            picker1seconds = 36;
        }

        if(picker2value == "较慢") {
            picker2seconds = 6;
        } else if(picker2value == "舒缓") {
            picker2seconds = 4;
        } else if(picker2value == "较快") {
            picker2seconds = 2;
        }

        this.seconds = picker1seconds;
    },
    onReady() {
        console.log("训练页面的 onReady()正在被调用");
    },
    onShow() {
        console.log("训练页面的 onShow()正在被调用");

        timer1 = setInterval(this.run1, 1000);
        timer2 = setInterval(this.run2, picker2seconds * 1000);
    },
    onDestroy() {
        console.log("训练页面的 onDestroy()正在被调用");
    }
}
```

保存所有代码后打开 Previewer，单击主页面中的按钮跳转到训练页面，训练页面中根据主页面选择的呼吸节奏交替显示“吸气”和“呼气”。当本次呼吸训练结束时，显示“已完成”。运行效果如图 3-61、图 3-62 和图 3-63 所示。

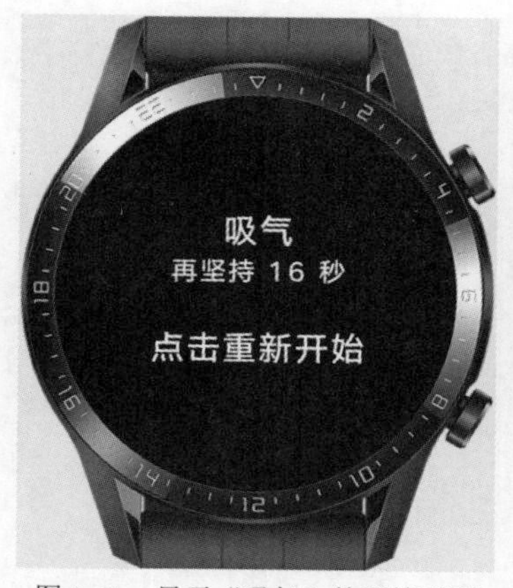

图 3-61　显示“吸气”的训练页面

图 3-62　显示“呼气”的训练页面

图 3-63　显示“已完成”的训练页面

3.12　任务 12：每次吸气或呼气时都实时显示进度百分比

3.12.1　运行效果

该任务实现的运行效果是这样的：单击主页面中的按钮跳转到训练页面。在训练页面中每次吸气或呼气时都在一个小括号中实时显示进度百分比。每次吸气或呼气都会显示 100 次进度。当本次呼吸训练结束时，显示“(100%)”。运行效果如图 3-64 和图 3-65 所示。

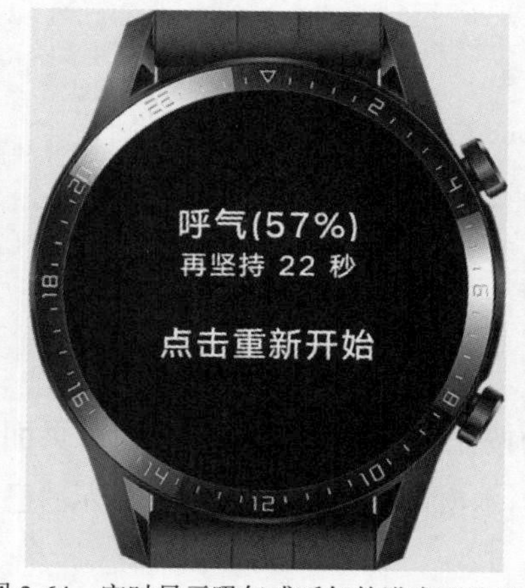

图 3-64　实时显示吸气或呼气的进度百分比

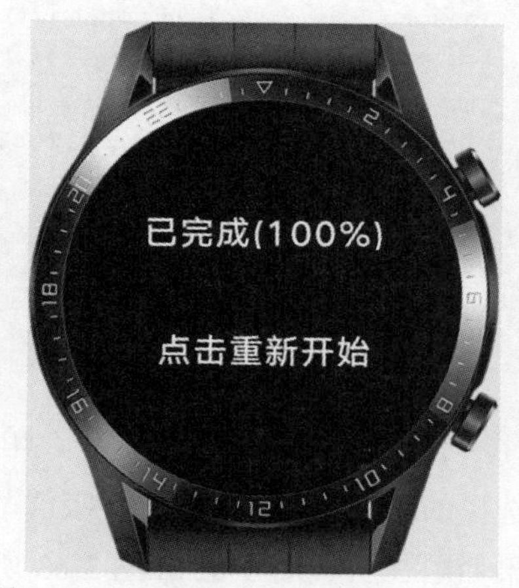

图 3-65　呼吸训练结束时显示“（100%）”

3.12.2 实现思路

在训练页面的生命周期事件函数 onShow()中调用 setInterval()创建一个定时器，并在调用时指定定时器要执行的动作以及时间间隔。

3.12.3 代码详解

打开 training.hml 文件。

对于交替显示的“吸气”和“呼气”，在其后面添加一个小括号。小括号中以动态数据绑定的方式指定进度百分比。百分比的数值来自名为 percent 的占位符。

上述讲解如代码清单 3-36 所示。

代码清单 3-36 training.hml

```
<div class="container">
    <text class="txt1">
        {{breath}}({{percent}}%)
    </text>
    <text class="txt2" show="{{isShow}}">
        再坚持 {{seconds}} 秒
    </text>
    <input type="button" value="单击重新开始" class="btn" onclick="clickAction" />
</div>
```

打开 training.js 文件。

在 data 中给 percent 占位符指定一个初始值“0”。

为了能够实时显示进度百分比，可以在训练页面正在显示时，也就是在生命周期事件函数 onShow()中调用 setInterval()创建一个定时器 timer3，在调用时指定定时器要执行的动作以及时间间隔。

创建一个全局变量 timer3，将其初始值设置为 null。

每次吸气或呼气的时长是 picker2seconds 秒，在这段时间里要显示 100 次进度。因此，将

setInterval()的第 2 个实参指定为 picker2seconds / 100 * 1000，以指定时间间隔，单位是毫秒。因为第 1 个实参指定定时器要执行的动作，所以我们可以自定义一个名为 run3 的函数，然后将第 1 个实参指定为 this.run3。

在 run3 函数的函数体中，首先将 this.percent 转换为整数，然后将其加 1 后再转换为字符串。如果加 1 后的进度百分比小于 10，那么在其对应的字符串前面补个 0；如果加 1 后的进度百分比为 100，则将其对应的字符串重置为“0”；如果本次呼吸训练结束，也就是如果定时器 timer2 为 null，那么清除 timer3 定时器并将 timer3 置为 null，此外，将 data 中的 percent 占位符设置为“100”。

当单击训练页面中的按钮跳转到主页面时，在 clickAction()函数中清除定时器 timer3 并将 timer3 置为 null。

上述讲解如代码清单 3-37 所示。

代码清单 3-37　training.js

```
......

var timer1 = null;
var timer2 = null;
var timer3 = null;

var counter = 0;

export default {
    data: {
        seconds: 0,
        isShow: true,
        breath: "吸气",
        percent: "0"
    },
    clickAction() {
        clearInterval(timer1);
        timer1 = null;

        clearInterval(timer2);
        timer2 = null;

        clearInterval(timer3);
        timer3 = null;
```

```
        router.replace({
            uri: 'pages/index/index'
        });
    },
    run1() {
        this.seconds--;
        if(this.seconds == 0) {
            clearInterval(timer1);
            timer1 = null;

            this.isShow = false;
        }
    },
    run2() {
        counter++;
        if(counter == picker1seconds / picker2seconds) {
            clearInterval(timer2);
            timer2 = null;
            this.breath = "已完成";
        } else {
            if(this.breath == "吸气") {
                this.breath = "呼气";
            } else if(this.breath == "呼气") {
                this.breath = "吸气";
            }
        }
    },
    run3() {
        this.percent = (parseInt(this.percent) + 1).toString();
        if(parseInt(this.percent) < 10) {
            this.percent = "0" + this.percent;
        }
        if(parseInt(this.percent) == 100) {
            this.percent = "0";
        }
        if(timer2 == null) {
            clearInterval(timer3);
            timer3 = null;
            this.percent = "100";
        }
    },
    ......
    onShow() {
        console.log("训练页面的 onShow()正在被调用");
```

```
        timer1 = setInterval(this.run1, 1000);
        timer2 = setInterval(this.run2, picker2seconds * 1000);
        timer3 = setInterval(this.run3, picker2seconds / 100 * 1000);
    },
    onDestroy() {
        console.log("训练页面的 onDestroy()正在被调用");
    }
}
```

保存所有代码后打开 Previewer，单击主页面中的按钮跳转到训练页面。在训练页面中每次吸气或呼气时都在一个小括号中实时显示了进度百分比。每次吸气或呼气都会显示 100 次进度。当本次呼吸训练结束时，显示“(100%)”。运行效果如图 3-66 和图 3-67 所示。

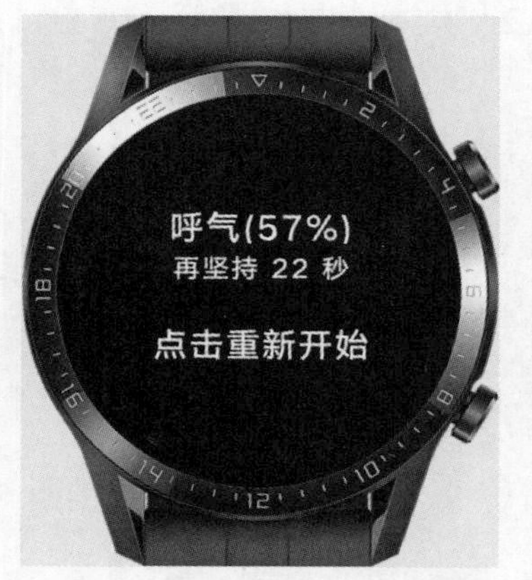

图 3-66　实时显示吸气或呼气的进度百分比

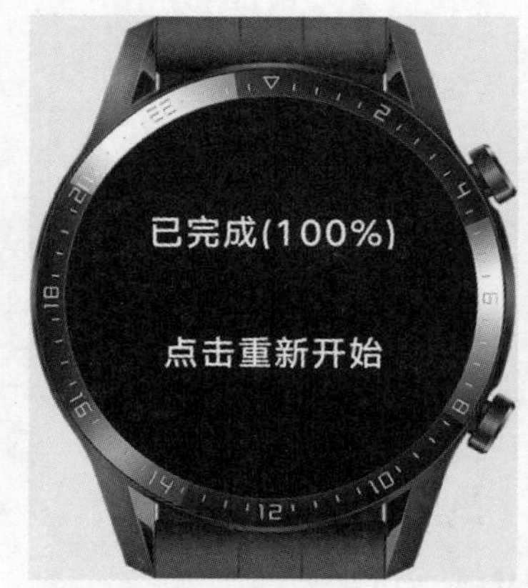

图 3-67　呼吸训练结束时显示“（100%）”

3.13　任务 13：每次吸气或呼气时 logo 都顺时针转动一周

3.13.1　运行效果

该任务实现的运行效果是这样的：单击主页面中的按钮跳转到训练页面。训练页面的上方显示出 logo。每次吸气或呼气时 logo 都会顺时针转动一周。本次呼吸训练结束后，logo 图片停止转动。运行效果如图 3-68 所示。

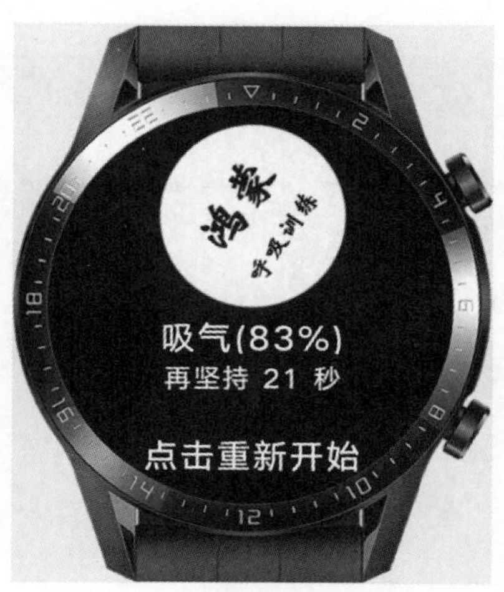

图 3-68 logo 顺时针转动的训练页面

3.13.2 实现思路

通过 style 属性中的 animation-duration 样式指定 logo 图片转动一次的时间。通过 style 属性中的 animation-iteration-count 样式指定 logo 图片转动的周数。

3.13.3 代码详解

打开 training.hml 文件。

添加一个组件 image，以显示 logo 的图片。将 class 属性的值设置为“img”，以通过 training.css 中名为 img 的类选择器设置 image 组件的样式。将 src 属性的值设置为“/common/hm.png”，以指定 logo 图片在项目中的位置。

在一次呼吸训练中，logo 转动一次的时间和转动的次数是动态变化的，这取决于主页面上两个选择器的值。因此，添加一个 style 属性，并在 style 中通过动态数据绑定的方式指定两个样式。第一个样式是 animation-duration，它可以用来表示 logo 转动一次的时间，将其占位符的名称指定为 duration；第二个样式是 animation-iteration-count，它可以用来表示 logo 转动的周数，将其占位符的名称指定为 count。

上述讲解如代码清单 3-38 所示。

代码清单 3-38　training.hml

```
<div class="container">
    <image class="img" src="/common/hm.png" style="animation-duration:{{duration}};animation-iteration-count:{{count}};" />
    <text class="txt1">
        {{breath}}({{percent}}%)
    </text>
    <text class="txt2" show="{{isShow}}">
        再坚持 {{seconds}} 秒
    </text>
    <input type="button" value="单击重新开始" class="btn" onclick="clickAction" />
</div>
```

打开 training.css 文件。

添加一个名为 img 的类选择器，以指定 logo 图片的样式。因为 logo 图片的宽度和高度都是 208px，所以将 width 和 height 的值都设置为 208px。为了让 logo 图片和下面的文本框有一定的间距，将 margin-bottom 的值设置为 10px。将 animation-name 设置为 aniname，以指定动画效果的名称。

定义一个名为 aniname 的动画效果，以表示 logo 图片顺时针转动了 360 度。动画效果以 @keyframes 开头，其后面是动画效果的名称 aniname。在花括号中分别指定起始状态 from 和终止状态 to。因为是让图片进行转动，所以 from 和 to 中都是 transform: rotate();。因为是让图片顺时针转动一圈，所以两个 rotate()中的参数分别是 0deg 和 360deg。

上述讲解如代码清单 3-39 所示。

代码清单 3-39　training.css

```
.container {
    flex-direction: column;
    justify-content: center;
    align-items: center;
    width: 454px;
    height: 454px;
}
.img {
    width: 208px;
    height: 208px;
    margin-bottom: 10px;
```

```
    animation-name: aniname;
}
@keyframes aniname {
    from {
        transform: rotate(0deg);
    }
    to {
        transform: rotate(360deg);
    }
}
......
```

打开 training.js 文件。

在 data 中将 duration 和 count 占位符都初始化为""。

在训练页面的生命周期事件函数 onInit()中，对 duration 和 count 占位符再次进行初始化。logo 顺时针转动一周的时间，就是一次吸气或呼气的时间 picker2seconds。但是，对于 training.hml 中的 animation-duration 样式，要指定其单位“s”，因此要将 picker2seconds + “s”赋值给 data 中的 duration。在一次呼吸训练中，logo 转动的次数就是吸气和呼气的总次数，即 picker1seconds / picker2seconds。因此，调用 toString()将其转换为字符串之后，再赋值给 data 中的 count。

上述讲解如代码清单 3-40 所示。

代码清单 3-40　training.js

```
......

export default {
    data: {
        seconds: 0,
        isShow: true,
        breath: "吸气",
        percent: "0",
        duration: "",
        count: ""
    },
    ......
    onInit() {
        ......
```

```
        this.seconds = picker1seconds;

        this.duration = picker2seconds + "s";
        this.count = (picker1seconds / picker2seconds).toString();
    },
    ......
}
```

保存所有代码后打开 Previewer，单击主页面中的按钮跳转到训练页面。训练页面的上方显示出了 logo。每次吸气或呼气 logo 都会顺时针转动一周。本次呼吸训练结束后，logo 停止转动。运行效果如图 3-69 所示。

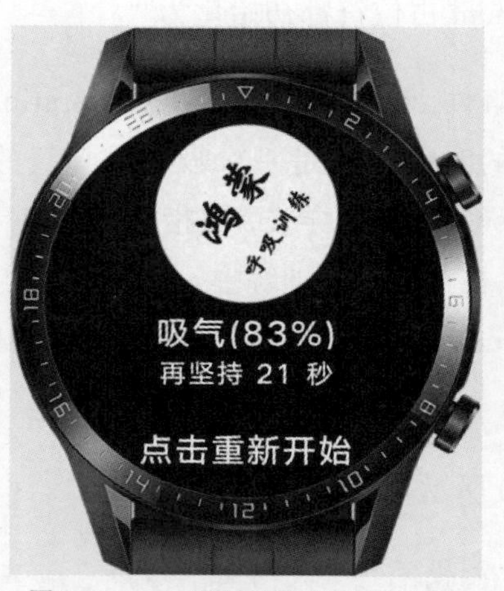

图 3-69　logo 顺时针转动的训练页面

3.14　任务 14：添加倒计时页面并实现由主页面向其跳转

3.14.1　运行效果

该任务实现的运行效果是这样的：单击主页面中的按钮后跳转到倒计时页面。页面中从上往下依次显示“请保持静止”“3 秒后跟随训练指引”“进行吸气和呼气”。运行效果如图 3-70 所示。

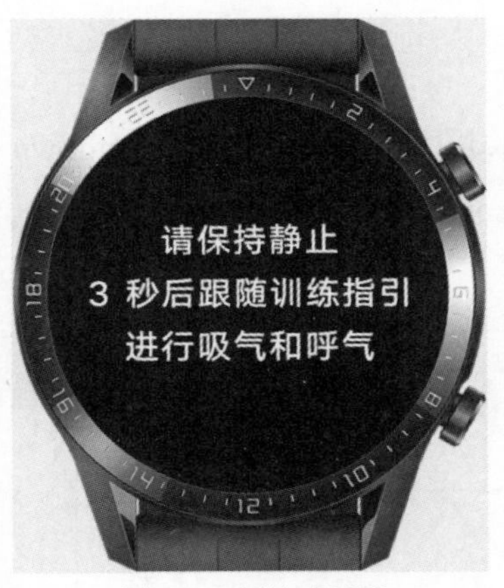

图 3-70　倒计时页面

3.14.2　实现思路

在项目中新建一个倒计时页面。当单击主页面中的按钮时，目标页面的 uri 指定为倒计时页面的 uri。

3.14.3　代码详解

在项目的 pages 子目录上单击右键，在弹出的菜单中选中 New，然后在弹出的子菜单中单击 JS Page，以新建一个 JS 页面。运行效果如图 3-71 所示。

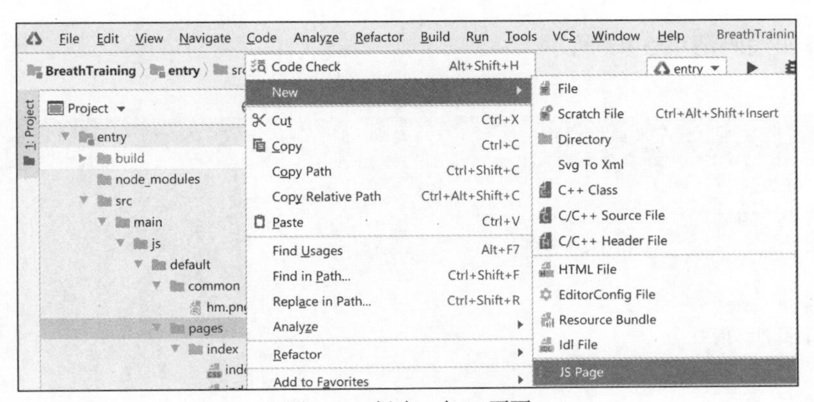

图 3-71　新建一个 JS 页面

在打开文件的窗口中，将 JS 页面的名称设置为 countdown，然后单击 Finish 按钮，如

图 3-72 所示。

这样，在 pages 目录下就自动创建了一个名为 countdown 的子目录。该子目录中自动创建了 3 个文件：countdown.hml、countdown.css 和 countdown.js，如图 3-73 所示。这 3 个文件共同组成了倒计时页面。

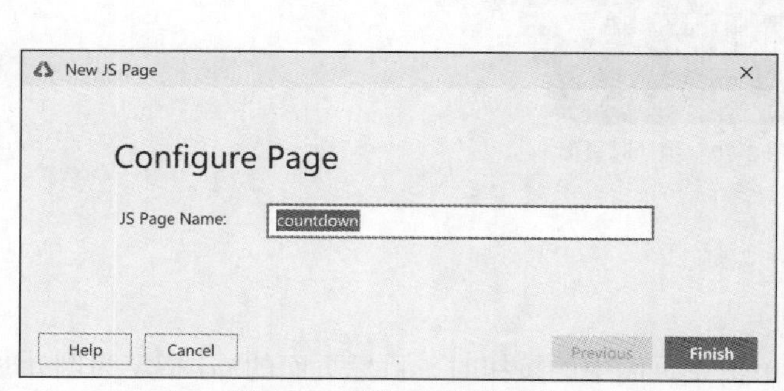

图 3-72　配置 JS 页面的名称

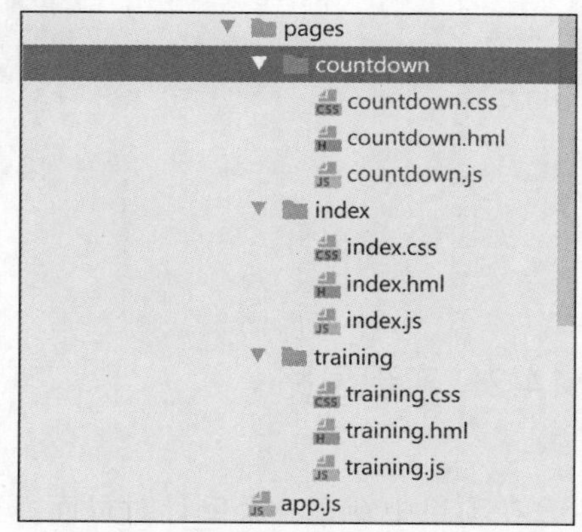

图 3-73　自动创建的 countdown 子目录

打开 countdown.hml 文件。

将 text 组件的 class 属性值修改为“txt”，并将显示的文本修改为“请保持静止”。

再添加两个 text 组件，将 class 属性的值都设置为“txt”，并将显示的文本分别设置为“3 秒后跟随训练指引”“进行吸气和呼气”。

上述讲解如代码清单 3-41 所示。

代码清单 3-41　countdown.hml

```
<div class="container">
    <text class="txt">
        请保持静止
    </text>
    <text class="txt">
        3 秒后跟随训练指引
    </text>
    <text class="txt">
        进行吸气和呼气
    </text>
</div>
```

打开 countdown.css 文件。

在 container 中添加一个 flex-direction 样式，将它的值设置为 column，以竖向排列 div 容器内的所有组件。这样，因为无须再使用弹性布局的显示方式，所以就可以删掉样式 display 了。left 和 top 这两个样式用于定位 div 容器在页面坐标系中的位置，其默认值都是 0px，因此可以将 left 和 top 这两个样式都删掉。

将 title 类选择器的名称修改为 txt。将 font-size 字体大小的值修改为 38px。将 width 的值修改为最大值 454px，将 height 的值修改为 50px。为了让每个文本框都与其上面的组件保持一定的间距，添加一个 margin-top 样式，将它的值设置为 10px。

上述讲解如代码清单 3-42 所示。

代码清单 3-42　countdown.css

```
.container {
    flex-direction: column;
    display: flex;
    justify-content: center;
    align-items: center;
   left: 0px;
   top: 0px;
    width: 454px;
    height: 454px;
}
.txt {
    font-size: 38px;
    text-align: center;
    width: 454px;
    height: 50px;
    margin-top: 10px;
}
```

打开 countdown.js 文件。

因为在 countdown.hml 中没有使用 title 占位符，所以删除 title 及其动态数据绑定的值'World'。

上述讲解如代码清单 3-43 所示。

代码清单 3-43　countdown.js

```
export default {
    data: {
```

```
        title: 'World'
    }
}
```

打开 index.js 文件。

在 clickAction()函数中将目标页面的 uri 修改为'pages/countdown/countdown'，以实现由主页面向倒计时页面的跳转。

上述讲解如代码清单 3-44 所示。

代码清单 3-44　index.js

```
......

export default {
    data: {
        picker1range: ["1", "2", "3"],
        picker2range: ["较慢", "舒缓", "较快"]
    },
    clickAction() {
        router.replace({
            uri: 'pages/countdown/countdown',
            params: {"data1": picker1value, "data2": picker2value}
        });
    },
    ......
}
```

保存所有代码后打开 Previewer，单击主页面中的按钮后跳转到了倒计时页面。页面中从上往下依次显示“请保持静止”“3 秒后跟随训练指引”“进行吸气和呼气”。运行效果如图 3-74 所示。

图 3-74　倒计时页面

3.15 任务 15：在倒计时页面进行训练指引的 3 秒倒计时

3.15.1 运行效果

该任务实现的运行效果是这样的：单击主页面中的按钮跳转到倒计时页面。在倒计时页面的上方和页面下方的倒数第 2 行，都会进行训练指引的 3 秒倒计时。运行效果如图 3-75 所示。

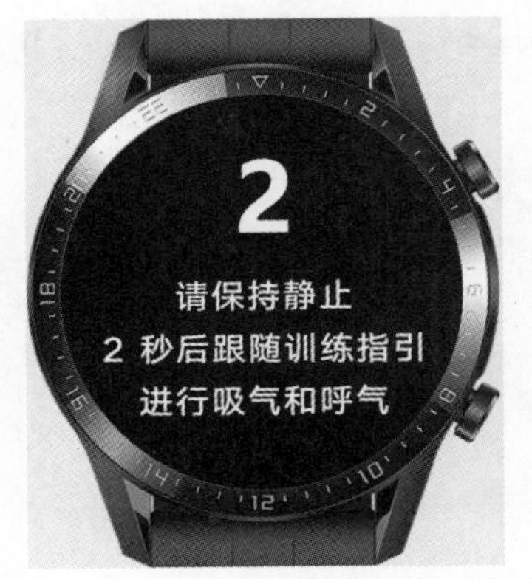

图 3-75 正在 3 秒倒计时的倒计时页面

3.15.2 实现思路

通过 3 张图片交替显示 3 秒倒计时。在生命周期事件函数 onShow()中调用 setInterval()函数创建一个定时器，并在调用时指定定时器要执行的动作以及时间间隔。

3.15.3 代码详解

在倒计时页面中，对于上方显示的数字 3、2 和 1，即便使用最大字号的 38px，也无法像运行效果中显示得那么大，因此必须使用图片来显示。将数字 3、2 和 1 对应的 3 张图片 3.png、2.png 和 1.png 添加到项目的 common 子目录中。

打开 countdown.hml 文件。

添加一个 image 组件，以交替显示 3 秒倒计时的 3 张图片。将 class 属性的值设置为“img”，以在 countdown.css 中根据名为 img 的类选择器设置 image 组件的样式。添加一个 src 属性，通过动态数据绑定的方式指定要显示的图片在项目中的位置。其中，将占位符的名称设置为 imgsrc。

在第二个 text 组件中通过动态数据绑定的方式指定多少秒后跟随训练指引。其中，将占位符的名称设置为 seconds。

上述讲解如代码清单 3-45 所示。

代码清单 3-45　countdown.hml

```
<div class="container">
    <image class="img" src="{{imgsrc}}"/>
    <text class="txt">
        请保持静止
    </text>
    <text class="txt">
        {{seconds}} 秒后跟随训练指引
    </text>
    <text class="txt">
        进行吸气和呼气
    </text>
</div>
```

打开 countdown.css 文件。

添加一个名为 img 的类选择器，以设置 image 组件的样式。因为用于 3 秒倒计时的 3 张图片的宽度和高度都是 100px，所以将 width 和 height 的值都设置为 100px。为了让 3 张图片都和下面的文本框保持一定的间距，将 margin-bottom 的值设置为 30px。

上述讲解如代码清单 3-46 所示。

代码清单 3-46　countdown.css

```
.container {
    flex-direction: column;
    justify-content: center;
    align-items: center;
    width: 454px;
    height: 454px;
}
```

```
.img {
    width: 100px;
    height: 100px;
    margin-bottom: 30px;
}
.txt {
    font-size: 38px;
    text-align: center;
    width: 454px;
    height: 50px;
    margin-top: 10px;
}
```

打开 countdown.js 文件。

在 data 中将 imgsrc 和 seconds 占位符都初始化为""。

声明一个用于计数器的 counter 全局变量。因为从 3 开始倒计时，所以将 counter 初始化为 3。

在倒计时页面的生命周期事件函数 onInit()中，对 imgsrc 和 seconds 占位符再次进行初始化。调用 toString()函数将 counter 转换为字符串，然后拼接为 common 目录下的图片地址，再将其赋值给 data 中的 imgsrc。调用 toString()函数将 counter 转换为字符串，然后将其赋值给 data 中的 seconds。

为了能够每秒更换一张倒计时图片，可以在倒计时页面正在显示时，也就是在生命周期事件函数 onShow()中调用 setInterval()函数创建一个定时器 timer，在调用时指定定时器要执行的动作以及时间间隔。创建一个全局变量 timer，将其初始值设置为 null。将 setInterval()的第 2 个实参指定为 1000，以指定时间间隔，其单位是毫秒。第 1 个实参指定定时器要执行的动作，我们可以自定义一个名为 run 的函数，然后将 setInterval()的第 1 个实参指定为 this.run。

在 run 函数的函数体中，先将计数器 counter 自减 1，然后对 counter 进行判断：如果 counter 没有自减为 0，那就更新 data 中 imgsrc 和 seconds 占位符的值，只需要把函数 onInit()中的两行代码复制过来就可以了；如果 counter 自减为 0，那就将 imgsrc 和 seconds 占位符都设置为""，然后清除 timer 定时器并将其置为 null。

上述讲解如代码清单 3-47 所示。

代码清单 3-47　countdown.js

```
var counter = 3;
var timer = null;
```

```
export default {
    data: {
        imgsrc: "",
        seconds: "",
    },
    run() {
        counter = counter - 1;
        if(counter != 0) {
            this.imgsrc = "/common/" + counter.toString() + ".png";
            this.seconds = counter.toString();
        } else {
            this.imgsrc = "";
            this.seconds = "";

            clearInterval(timer);
            timer = null;
        }
    },
    onInit() {
        this.imgsrc = "/common/" + counter.toString() + ".png";
        this.seconds = counter.toString();
    },
    onShow() {
        timer = setInterval(this.run, 1000);
    }
}
```

保存所有代码后打开 Previewer，单击主页面中的按钮跳转到了倒计时页面。在倒计时页面的上方和下方的倒数第 2 行，都会进行训练指引的 3 秒倒计时。运行效果如图 3-76 所示。

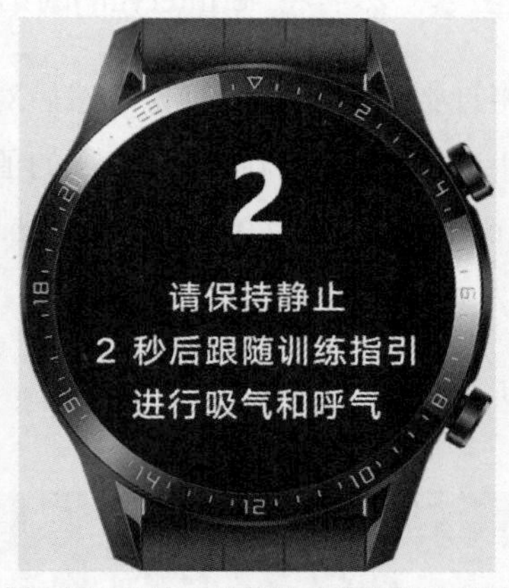

图 3-76　正在 3 秒倒计时的倒计时页面

3.16 任务 16：3 秒倒计时结束后跳转到训练页面并传递主页面的数据

3.16.1 运行效果

该任务实现的运行效果是这样的：单击主页面中的按钮跳转到倒计时页面。3 秒倒计时结束后，跳转到训练页面并将主页面的数据传递给训练页面，从而使得训练页面中的所有功能都是我们添加倒计时页面之前所实现的功能。

3.16.2 实现思路

在倒计时页面中，将主页面中传递过来的两个选择器的值作为 value 存放在一个字典中，并且通过 params 传递给训练页面。在训练页面中，通过 key 从字典中获取两个选择器的值。

3.16.3 代码详解

打开 countdown.js 文件。

声明两个全局变量 pv1 和 pv2，将其都初始化为 null。

在倒计时页面的生命周期事件函数 onInit()中，通过 this.data1 和 this.data2 获取主页面中传递过来的两个选择器的值，分别将其赋值给 pv1 和 pv2 变量。

在函数 run()的函数体中，当 3 秒倒计时结束时，调用 router.replace()跳转到训练页面。从'@system.router'中导入 router，然后通过 uri 指定目标页面的地址为'pages/training/training'，并且通过 params 指定要传递的两个选择器的值。将这两个值都作为 value 存放在一个字典中，其对应的 key 分别是 key1 和 key2。

上述讲解如代码清单 3-48 所示。

代码清单 3-48　countdown.js

```
import router from '@system.router'

var counter = 3;
var timer = null;

var pv1 = null;
var pv2 = null;

export default {
    data: {
        imgsrc: "",
        seconds: "",
    },
    run() {
        counter = counter - 1;
        if(counter != 0) {
            this.imgsrc = "/common/" + counter.toString() + ".png";
            this.seconds = counter.toString();
        } else {
            this.imgsrc = "";
            this.seconds = "";

            clearInterval(timer);
            timer = null;

            router.replace({
                uri: 'pages/training/training',
                params: {"key1": pv1, "key2": pv2}
            });
        }
    },
    onInit() {
        pv1 = this.data1;
        pv2 = this.data2;

        this.imgsrc = "/common/" + counter.toString() + ".png";
        this.seconds = counter.toString();
    },
    onShow() {
        timer = setInterval(this.run, 1000);
    }
}
```

打开 training.js 文件。

在 onInit()函数中通过 this.key1 和 this.key2 获取从倒计时页面传递过来的两个选择器的值，将其分别赋值给 picker1value 和 picker2value 变量。

上述讲解如代码清单 3-49 所示。

代码清单 3-49 training.js

```
......
    onInit() {
        console.log("训练页面的 onInit()正在被调用");

        console.log("接收到的左边选择器的值：" + this.data1);
        console.log("接收到的右边选择器的值：" + this.data2);

        picker1value = this.key1;
        picker2value = this.key2;

        if(picker1value == "1") {
            picker1seconds = 12;
        } else if(picker1value == "2") {
            picker1seconds = 24;
        } else if(picker1value == "3") {
            picker1seconds = 36;
        }
......
```

保存所有代码后打开 Previewer，单击主页面中的按钮跳转到倒计时页面。3 秒倒计时结束后，跳转到训练页面并将主页面的数据传递给训练页面，从而使得训练页面中的所有功能都是我们添加倒计时页面之前所实现的功能。

3.17 任务 17：呼吸训练结束后右滑查看训练报告

3.17.1 运行效果

该任务实现的运行效果是这样的：呼吸训练结束后，在训练页面中用黄色字体显示文本“右滑查看训练报告”。运行效果如图 3-77 所示。

当在训练页面中向右滑动时，跳转到第 1 个训练报告页面。运行效果如图 3-78 所示。

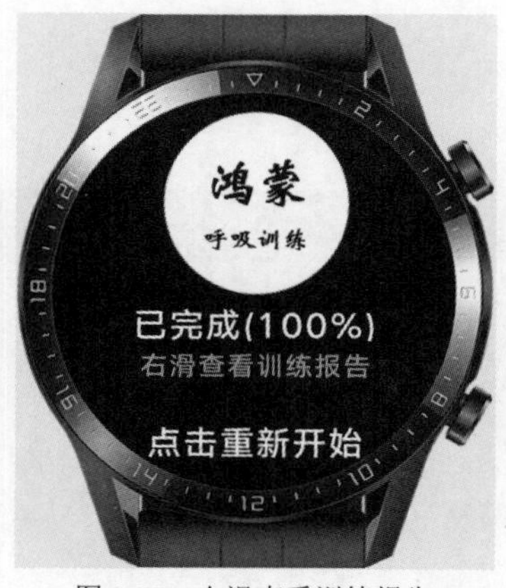

图 3-77　右滑查看训练报告

图 3-78　第 1 个训练报告页面

当在第 1 个训练报告页面中向左滑动时，跳转到主页面。

3.17.2　实现思路

在多个连续的 text 组件中使用 if-elif-else 结构，以便从中选择一个 text 组件进行显示。在页面的最外层 div 组件中添加 onswipe 属性，从而在页面触发滑动事件时自动调用指定的自定义函数。

3.17.3　代码详解

呼吸训练结束后，在训练页面中不会再显示再坚持的秒数。但是，它在页面中所占用的空间并没有被释放。为了能够释放掉它占用的空间，从而在该空间处显示文本“右滑查看训练报告”，可以在多个连续的 text 组件中使用 if-elif-else 结构，以便从中选择一个 text 组件进行显示。所有不被显示的 text 组件都不会占用页面空间。

打开 training.hml 文件。

对于再坚持的秒数对应的 text 组件，将其 show 属性修改为 if。

在该组件的下方添加一个 text 组件。将 class 属性的值设置为 txt3，并添加一个 else 属性。

将显示的文本设置为“右滑查看训练报告”。

上述讲解如代码清单 3-50 所示。

代码清单 3-50　training.hml

```
<div class="container">
    ......
    <text class="txt2" if="{{isShow}}">
        再坚持 {{seconds}} 秒
    </text>
    <text class="txt3" else>
        右滑查看训练报告
    </text>
    <input type="button" value="单击重新开始" class="btn" onclick="clickAction" />
</div>
```

打开 training.css 文件。

将 txt2 类选择器复制一份并重命名为 txt3，以设置文本“右滑查看训练报告”所对应的 text 组件的样式。在 txt3 类选择器中添加一个 color 样式，并将其值设置为#ffa500，以设置文本“右滑查看训练报告”的颜色。

上述讲解如代码清单 3-51 所示。

代码清单 3-51　training.css

```
......
.txt2 {
    font-size: 30px;
    text-align: center;
    width: 400px;
    height: 40px;
}
.txt3 {
    font-size: 30px;
    text-align: center;
    width: 400px;
    height: 40px;
    color: #ffa500;
}
.btn {
    width: 300px;
```

```
    height: 50px;
    font-size: 38px;
    background-color: #000000;
    border-color: #000000;
    margin-top: 40px;
}
```

保存所有代码后打开 Previewer，呼吸训练结束后，在训练页面中用黄色字体显示出了文本“右滑查看训练报告”。运行效果如图 3-79 所示。

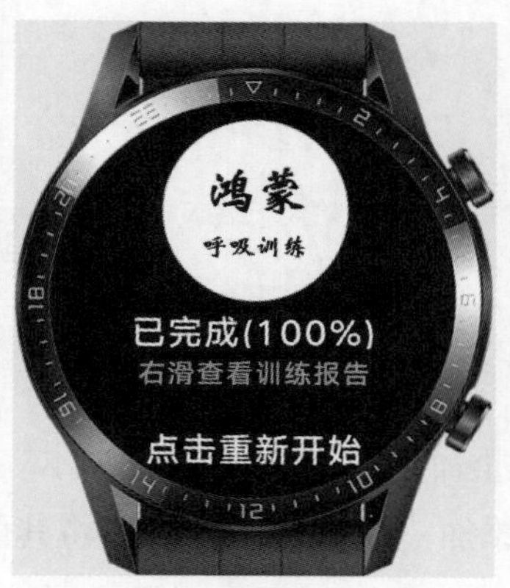

图 3-79　右滑查看训练报告

在项目的 pages 子目录上单击右键，在弹出的菜单中选中 New，然后在弹出的子菜单中单击 JS Page，以新建一个名为 report1 的 JS 页面。该页面将被作为第 1 个训练报告页面。

打开 report1.hml 文件。

将 text 组件中显示的文本修改为“第 1 个训练报告页面”。

上述讲解如代码清单 3-52 所示。

代码清单 3-52　report1.hml

```
<div class="container">
   <text class="title">
       第 1 个训练报告页面
   </text>
</div>
```

打开 report1.js 文件。

因为在 report1.hml 中没有使用 title 占位符，所以在 report1.js 中删除 title 及其动态数据绑定的值'World'。

上述讲解如代码清单 3-53 所示。

代码清单 3-53 report1.js

```
export default {
    data: {
        title: 'World'
    }
}
```

打开 report1.css 文件。

将 title 类选择器中 width 的值修改为最大值 454px，以让 text 组件中的文本“第 1 个训练报告页面”能够在一行内显示。

上述讲解如代码清单 3-54 所示。

代码清单 3-54 report1.css

```
......
.title {
    font-size: 30px;
    text-align: center;
    width: 454px;
    height: 100px;
}
```

打开 training.js 文件。

添加一个名为 toReport1Page 的自定义函数，并定义一个名为 e 的形参。在函数体中通过 e.direction 的值判断滑动的方向。如果 e.direction 等于字符串“right”，那就跳转到第 1 个训练报告页面。

上述讲解如代码清单 3-55 所示。

代码清单 3-55 training.js

```
......
    onDestroy() {
        console.log("训练页面的 onDestroy()正在被调用");
```

```
    },
    toReport1Page(e) {
        if (e.direction == 'right') {
            router.replace({
                uri: 'pages/report1/report1'
            });
        }
    }
}
```

打开 training.hml 文件。

在最外层的 div 组件中将 onswipe 属性的值设置为自定义的 toReport1Page 函数。这样，当用户在训练页面中用手指滑动时，就会触发页面的 onswipe 事件，从而自动调用自定义的 toReport1Page 函数。如果用户在训练页面中用手指向右滑动了，就会跳转到第 1 个训练报告页面。

上述讲解如代码清单 3-56 所示。

代码清单 3-56　training.hml

```
<div class="container" onswipe="toReport1Page">
   ......
</div>
```

打开 report1.js 文件。

添加一个名为 toIndexPage 的自定义函数，并定义一个名为 e 的形参。在函数体中通过 e.direction 的值判断滑动的方向。如果 e.direction 等于字符串“left”，那就跳转到主页面。

从'@system.router'中导入 router。

上述讲解如代码清单 3-57 所示。

代码清单 3-57　report1.js

```
import router from '@system.router'

export default {
    data: {

    },
    toIndexPage(e) {
        if (e.direction == 'left') {
```

```
            router.replace({
                uri: 'pages/index/index'
            });
        }
    }
}
```

打开 report1.hml 文件。

在最外层的 div 组件中将 onswipe 属性的值设置为自定义的函数名 toIndexPage。这样，当用户在第 1 个训练报告页面中用手指滑动时，就会触发页面的 onswipe 事件，从而自动调用自定义的 toIndexPage 函数。如果用户向左滑动了页面，就会跳转到主页面。

上述讲解如代码清单 3-58 所示。

代码清单 3-58　report1.hml

```
<div class="container" onswipe="toIndexPage">
   <text class="title">
      第 1 个训练报告页面
   </text>
</div>
```

保存所有代码后打开 Previewer，呼吸训练结束后，当在训练页面中向右滑动时，跳转到了第 1 个训练报告页面。运行效果如图 3-80 所示。

图 3-80　第 1 个训练报告页面

当在第 1 个训练报告页面中向左滑动时，跳转回主页面。

3.18　任务 18：将第 1 个训练报告页面的标题修改为压力占比

3.18.1　运行效果

该任务实现的运行效果是这样的：在 App 启动后首先显示的是主页面，但是主页面一闪而过，接着显示的是第 1 个训练报告页面，其标题为“压力占比”。运行效果如图 3-81 所示。

图 3-81　第 1 个训练报告页面

当在第 1 个训练报告页面中向左滑动时，首先显示的是主页面，但是主页面一闪而过，接着显示的是第 1 个训练报告页面。

3.18.2　实现思路

在主页面的生命周期事件函数 onInit()中跳转到某个页面，从而间接地将该页面设置为 App 在启动后显示的第 1 个页面。

3.18.3　代码详解

为了方便大家学习，在接下来的几个训练报告页面中使用的数据都是随机生成的测试数据。数据的来源和真实性并不太重要，重要的是让大家学会如何对数据进行分析和可视化展示。

打开 index.js 文件。

为了方便测试，我们在主页面的生命周期事件函数 onInit()中跳转到第 1 个训练报告页面。这样，在 App 启动后我们看到的第 1 个页面就是第 1 个训练报告页面。

上述讲解如代码清单 3-59 所示。

代码清单 3-59　index.js

```
......
    onInit() {
        console.log("主页面的 onInit()正在被调用");

        router.replace({
            uri: 'pages/report1/report1'
        });
    },
......
```

打开 training.js 文件。

在 onInit()函数中，对于左边的选择器转换后得到的秒数，之前因为测试的方便我们将其改小了，现在我们将其改回实际的转换值：将 1 分转换为 60 秒；将 2 分转换为 120 秒；将 3 分转换为 180 秒。

上述讲解如代码清单 3-60 所示。

代码清单 3-60　training.js

```
......
    onInit() {
        ......

        picker1value = this.key1;
        picker2value = this.key2;

        if(picker1value == "1") {
            picker1seconds = 60;
        } else if(picker1value == "2") {
            picker1seconds = 120;
        } else if(picker1value == "3") {
            picker1seconds = 180;
```

```
        }

    ......
    },
......
```

打开 report1.hml 文件。

将 text 组件中显示的页面标题修改为“压力占比”。在所有组件中，text 组件是唯一不是必须要设置 width 和 height 的组件。如果不设置 text 组件的宽度和高度，就需要在其外层嵌套一个 div 组件，以便对其样式进行设置。在 text 组件的外层嵌套一个 div 组件，并将属性 class 的值设置为“title-container”。

上述讲解如代码清单 3-61 所示。

代码清单 3-61　report1.hml

```
<div class="container" onswipe="toIndexPage">
    <div class="title-container">
        <text class="title">
            压力占比
        </text>
    </div>
</div>
```

打开 report1.css 文件。

在 title 类选择器中删除 width、height 和 text-align 样式，将 font-size 的值修改为 38px，并将 margin-top 的值设置为 40px。

添加一个 title-container 类选择器，以设置 text 组件的 div 外层组件的样式。将 width 和 height 的值分别设置为 300px 和 130px。将 justify-content 和 align-items 都设置为 center，从而让容器 div 内的组件在水平方向和竖直方向都居中对齐。

在 container 类选择器中删除 left、top 和 display 样式，并将 flex-direction 的值设置为 column。将 justify-content 的值修改为 flex-start，从而让容器 div 内的组件在竖直方向与容器的上边缘对齐。

上述讲解如代码清单 3-62 所示。

代码清单 3-62 report1.css

```
.container {
    display: flex;
    flex-direction: column;
    justify-content: flex-start;
    align-items: center;
    left: 0px;
    top: 0px;
    width: 454px;
    height: 454px;
}
.title-container {
    width: 300px;
    height: 130px;
    justify-content: center;
    align-items: center;
}
.title {
    font-size: 38px;
    margin-top: 40px;
    text-align: center;
    width: 484px;
    height: 100px;
}
```

保存所有代码后打开 Previewer，在 App 启动后首先显示的是主页面，但是主页面一闪而过，接着显示的是第 1 个训练报告页面，其标题为“压力占比”。运行效果如图 3-82 所示。

图 3-82 第 1 个训练报告页面

当在第 1 个训练报告页面中向左滑动时，首先显示的是主页面，但是主页面一闪而过，接着显示的是第 1 个训练报告页面。

注意：flex-direction 样式用于指定容器内所有组件的排列方向，可选值有两个：row 和 column，分别表示水平方向排列和竖直方向排列。当 flex-direction 的值设置为 row 时，水平方向为主轴，竖直方向为副轴；当 flex-direction 的值设置为 column 时，竖直方向为主轴，水平方向为副轴。

justify-content 样式用于指定容器内所有组件在主轴上的对齐方式，可选值有 5 个：flex-start、flex-end、center、space-between 和 space-around。

align-items 样式用于指定容器内所有组件在副轴上的对齐方式，可选值有 3 个：flex-start、flex-end 和 center。

组合使用以上 3 个样式，可以指定容器内所有组件的布局。接下来我们通过多组示例来演示以上 3 个样式的组合用法。

新建一个智能手表的项目。

打开 index.hml 文件。

在最外层的 div 组件中嵌套 4 个 div 组件，将 class 属性的值分别设置为 subcontainer1、subcontainer2、subcontainer3、subcontainer4。

上述讲解如代码清单 3-63 所示。

代码清单 3-63　index.hml

```
<div class="container">
    <div class="subcontainer1">
    </div>

    <div class="subcontainer2">
    </div>

    <div class="subcontainer3">
    </div>

    <div class="subcontainer4">
    </div>
</div>
```

打开 index.css 文件。

添加 4 个类选择器，以设置 4 个 div 内嵌组件的样式。

将第 1 个 div 内嵌组件的 width 和 height 都设置为 40px，并将其背景色设置为蓝色。

将第 2 个 div 内嵌组件的 width 和 height 都设置为 60px，并将其背景色设置为绿色。

将第 3 个 div 内嵌组件的 width 和 height 都设置为 80px，并将其背景色设置为红色。

将第 4 个 div 内嵌组件的 width 和 height 都设置为 100px，并将其背景色设置为黄色。

为了设置 4 个 div 内嵌组件的布局，在 container 类选择器中将 flex-direction 的值设置为 row，以指定水平方向为主轴，从而指定容器内所有组件的排列方向为水平方向。将 justify-content 的值设置为 flex-start，以指定容器内所有组件在主轴上的对齐方式。将 align-items 的值设置为 center，以指定容器内所有组件在副轴上的对齐方式。

上述讲解如代码清单 3-64 所示。

代码清单 3-64　index.css

```
.container {
    flex-direction: row;
    justify-content: flex-start;
    align-items: center;
    width: 454px;
    height: 454px;
}
.subcontainer1 {
    width: 40px;
    height: 40px;
    background-color: blue;
}
.subcontainer2 {
    width: 60px;
    height: 60px;
    background-color: green;
}
.subcontainer3 {
    width: 80px;
    height: 80px;
    background-color: red;
```

```
}
.subcontainer4 {
    width: 100px;
    height: 100px;
    background-color: yellow;
}
```

保存所有代码后打开 Previewer，4 个 div 内嵌组件的排列方向为水平方向，在主轴（水平方向）上的对齐方式为左对齐，在副轴（竖直方向）上的对齐方式为居中对齐。运行效果如图 3-83 所示。

将 index.css 中主轴上的对齐方式修改为 flex-end。

上述讲解如代码清单 3-65 所示。

代码清单 3-65　index.css

```
.container {
    flex-direction: row;
    justify-content: flex-end;
    align-items: center;
    width: 454px;
    height: 454px;
}
```

保存所有代码后打开 Previewer，4 个 div 内嵌组件在主轴上的对齐方式为右对齐。运行效果如图 3-84 所示。

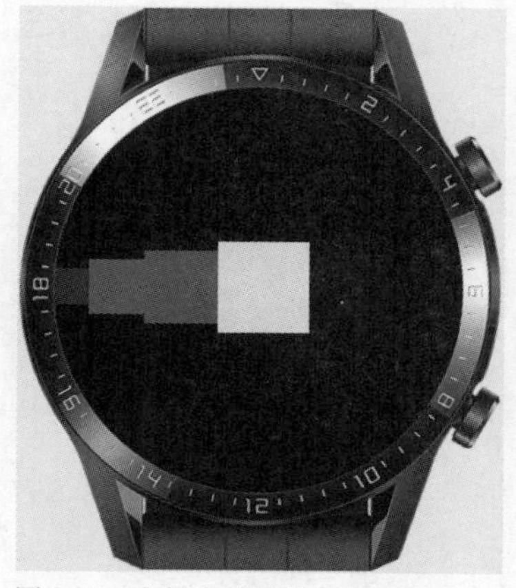

图 3-83　主轴上的对齐方式为 flex-start

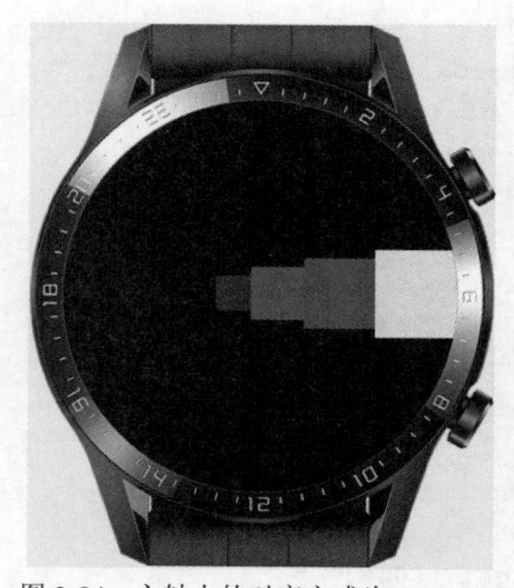

图 3-84　主轴上的对齐方式为 flex-end

将 index.css 中主轴上的对齐方式修改为 center。

上述讲解如代码清单 3-66 所示。

代码清单 3-66 index.css

```
.container {
    flex-direction: row;
    justify-content: center;
    align-items: center;
    width: 454px;
    height: 454px;
}
```

保存所有代码后打开 Previewer，4 个 div 内嵌组件在主轴上的对齐方式为居中对齐。运行效果如图 3-85 所示。

将 index.css 中主轴上的对齐方式修改为 space-between。

上述讲解如代码清单 3-67 所示。

代码清单 3-67 index.css

```
.container {
    flex-direction: row;
    justify-content: space-between;
    align-items: center;
    width: 454px;
    height: 454px;
}
```

保存所有代码后打开 Previewer，4 个 div 内嵌组件在主轴上的对齐方式为两端对齐。运行效果如图 3-86 所示。

将 index.css 中主轴上的对齐方式修改为 space-around。

上述讲解如代码清单 3-68 所示。

代码清单 3-68 index.css

```
.container {
    flex-direction: row;
    justify-content: space-around;
```

```
    align-items: center;
    width: 454px;
    height: 454px;
}
```

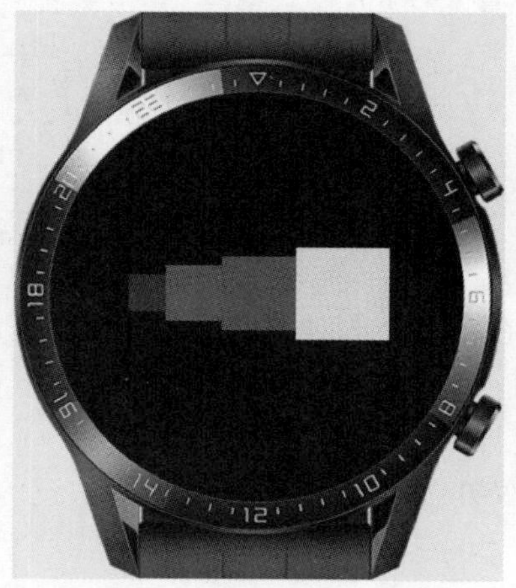

图 3-85 主轴上的对齐方式为 center

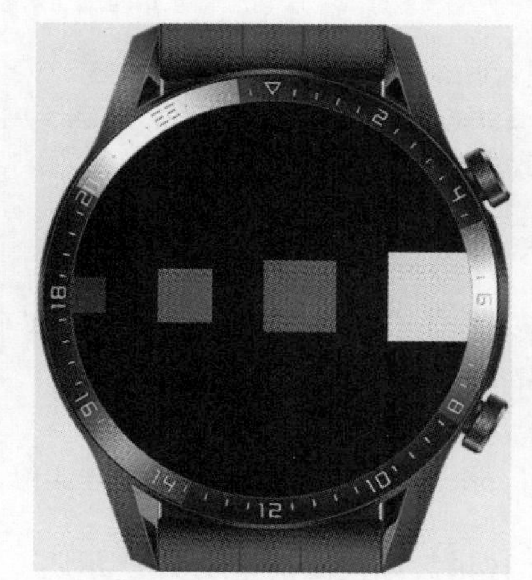

图 3-86 主轴上的对齐方式为 space-between

保存所有代码后打开 Previewer，4 个 div 内嵌组件在主轴上的对齐方式为分散对齐。运行效果如图 3-87 所示。

将 index.css 中副轴上的对齐方式修改为 flex-start。

上述讲解如代码清单 3-69 所示。

代码清单 3-69 index.css

```
.container {
    flex-direction: row;
    justify-content: space-around;
    align-items: flex-start;
    width: 454px;
    height: 454px;
}
```

保存所有代码后打开 Previewer，4 个 div 内嵌组件在副轴上的对齐方式为上对齐。运行效果如图 3-88 所示。

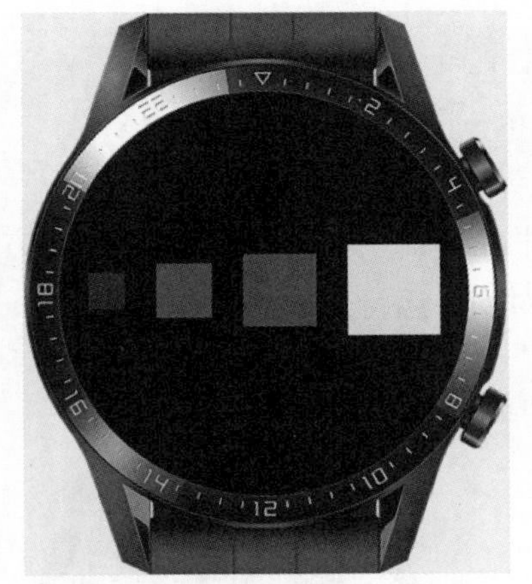
图 3-87 主轴上的对齐方式为 space-around

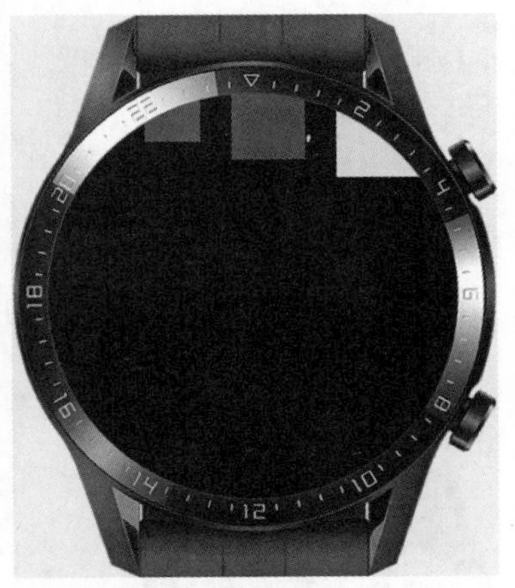
图 3-88 副轴上的对齐方式为 flex-start

将 index.css 中副轴上的对齐方式修改为 flex-end。

上述讲解如代码清单 3-70 所示。

代码清单 3-70 index.css

```
.container {
    flex-direction: row;
    justify-content: space-around;
    align-items: flex-end;
    width: 454px;
    height: 454px;
}
```

保存所有代码后打开 Previewer，4 个 div 内嵌组件在副轴上的对齐方式为下对齐。运行效果如图 3-89 所示。

将 index.css 中 flex-direction 的值设置为 column，以指定竖直方向为主轴，从而指定容器内所有组件的排列方向为竖直方向。

上述讲解如代码清单 3-71 所示。

代码清单 3-71 index.css

```
.container {
    flex-direction: column;
```

```
    justify-content: space-around;
    align-items: flex-end;
    width: 454px;
    height: 454px;
}
```

保存所有代码后打开 Previewer，4 个 div 内嵌组件在主轴（竖直方向）上的对齐方式为分散对齐，并且在副轴（水平方向）上的对齐方式为右对齐。运行效果如图 3-90 所示。

图 3-89　副轴上的对齐方式为 flex-end

图 3-90　竖直方向为主轴

通过以上多组示例的演示，相信大家已经掌握了 flex-direction、justify-content 和 align-items 这 3 个样式的组合用法，从而可以轻松地指定容器内所有组件的布局了。

3.19　任务 19：在压力占比页面的标题下方显示压力分类的列表

3.19.1　运行效果

该任务实现的运行效果是这样的：在第 1 个训练报告页面（后面都称之为压力占比页面）的标题下方显示压力分类的列表。运行效果如图 3-91 所示。

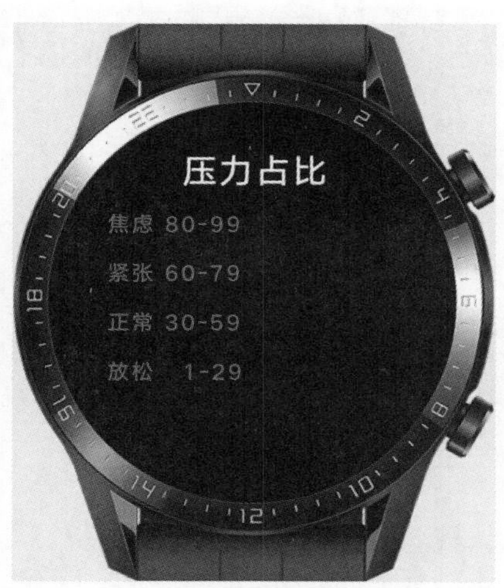

图 3-91 显示压力分类列表的压力占比页面

3.19.2 实现思路

联合使用 list 和 list-item 组件来展示一个列表中的多个列表项。在 list 组件中使用 for 属性并通过动态数据绑定的方式指定要迭代的数组。在 list-item 组件中使用$item 并通过动态数据绑定的方式指定迭代过程中数组中的元素。

3.19.3 代码详解

打开 report1.hml 文件。

添加一个 list 组件以在页面中显示一个列表，将其 class 属性的值设置为“state-wrapper”。

list 和 list-item 组件要组合使用，其中，list-item 用于定义列表中的列表项。

在 list 组件中添加 4 个 list-item 组件，以定义 4 个列表项，将它们的 class 属性的值都设置为“state-item”。在每一个 list-item 组件中都添加一个 text 组件，将它们的 class 属性的值都设置为“state”。4 个 text 组件显示的文本分别为“焦虑 80-99”“紧张 60-79”“正常 30-59”“放松 1-29”。其中，在“1-29”的前面额外添加了两个空格，以让 4 个列表项保持右对齐。

上述讲解如代码清单 3-72 所示。

代码清单 3-72　report1.hml

```
<div class="container" onswipe="toIndexPage">
    <div class="title-container">
        <text class="title">
            压力占比
        </text>
    </div>
    <list class="state-wrapper">
        <list-item class="state-item">
            <text class="state">
                焦虑 80-99
            </text>
        </list-item>
        <list-item class="state-item">
            <text class="state">
                紧张 60-79
            </text>
        </list-item>
        <list-item class="state-item">
            <text class="state">
                正常 30-59
            </text>
        </list-item>
        <list-item class="state-item">
            <text class="state">
                放松  1-29
            </text>
        </list-item>
    </list>
</div>
```

打开 report1.css 文件。

添加一个 state-wrapper 类选择器以定义 list 组件的样式，将 width 和 height 的值分别设置为 320px 和 220px。

添加一个 state-item 类选择器以定义 4 个 list-item 组件的样式，将 width 和 height 的值分别设置为 320px 和 55px。

添加一个 state 类选择器以定义列表中 4 个 text 组件的样式，将 font-size 的值设置为 24px，并将 color 的值设置为 gray。之前我们设置与颜色相关的样式值时，使用的都是十六进制的形式，其实还可以使用颜色对应的英语单词来设置样式值。

上述讲解如代码清单 3-73 所示。

代码清单 3-73 report1.css

```
......
.title {
    font-size: 38px;
    margin-top: 40px;
}
.state-wrapper {
    width: 320px;
    height: 220px;
}
.state-item {
    width: 320px;
    height: 55px;
}
.state {
    font-size: 24px;
    color: gray;
}
```

保存所有代码后打开 Previewer，在压力占比页面的标题下方显示出了压力分类的列表。运行效果如图 3-92 所示。

图 3-92 显示压力分类列表的压力占比页面

为了把数据和显示进行分离，我们把 report1.hml 中的 4 个列表项数据提取到 report1.js 中，然后在 report1.hml 中通过动态数据绑定的方式进行指定。

打开 report1.js 文件。

在 data 中添加一个名为 states 的数组，数组中的元素分别为'焦虑 80-99'、'紧张 60-79'、'正常 30-59'、'放松　1-29'。

上述讲解如代码清单 3-74 所示。

代码清单 3-74　report1.js

```
import router from '@system.router'

export default {
    data: {
        states: [
            '焦虑 80-99',
            '紧张 60-79',
            '正常 30-59',
            '放松   1-29',
        ]
    },
    toIndexPage(e) {
        if (e.direction == 'left') {
            router.replace({
                uri: 'pages/index/index'
            });
        }
    }
}
```

打开 report1.hml 文件。

通过动态数据绑定的方式指定 4 个列表项的数据，它们分别为“{{states[0]}}”“{{states[1]}}”“{{states[2]}}”和“{{states[3]}}”。

上述讲解如代码清单 3-75 所示。

代码清单 3-75　report1.hml

```
<div class="container" onswipe="toIndexPage">
    <div class="title-container">
        <text class="title">
```

```
            压力占比
        </text>
    </div>
    <list class="state-wrapper">
        <list-item class="state-item">
            <text class="state">
                {{states[0]}}
            </text>
        </list-item>
        <list-item class="state-item">
            <text class="state">
                {{states[1]}}
            </text>
        </list-item>
        <list-item class="state-item">
            <text class="state">
                {{states[2]}}
            </text>
        </list-item>
        <list-item class="state-item">
            <text class="state">
                {{states[3]}}
            </text>
        </list-item>
    </list>
</div>
```

保存所有代码后打开 Previewer，运行结果没有发生任何变化。

打开 report1.hml 文件。

仔细观察和对比一下 4 个 list-item 组件，它们的区别仅仅在于两个花括号中占位符的索引是不一样的，其余部分全是一样的。因此，要显示这 4 个列表项，还有更简单的类似 for 循环的写法。可以把 4 个 list-item 组件合并为一个 list-item 组件，并将 for 属性的值设置为“{{states}}”。这样，每一个列表项数据都可以用“{{$item}}”来表示。系统会自动对“{{states}}”进行迭代，将迭代过程中的每一个数据自动赋值给“{{$item}}”。

上述讲解如代码清单 3-76 所示。

代码清单 3-76　report1.hml

```
<div class="container" onswipe="toIndexPage">
    <div class="title-container">
```

```
            <text class="title">
                压力占比
            </text>
        </div>
        <list class="state-wrapper">
            <list-item class="state-item" for="{{states}}">
                <text class="state">
                    {{$item}}
                </text>
            </list-item>
        </list>
</div>
```

保存所有代码后打开 Previewer，运行结果没有发生任何变化。但是，代码较之前简洁了很多。

3.20　任务 20：在压力分类的右边显示对应的压力占比

3.20.1　运行效果

该任务实现的运行效果是这样的：在压力占比页面中，在压力分类的右边显示对应的压力占比。运行效果如图 3-93 所示。

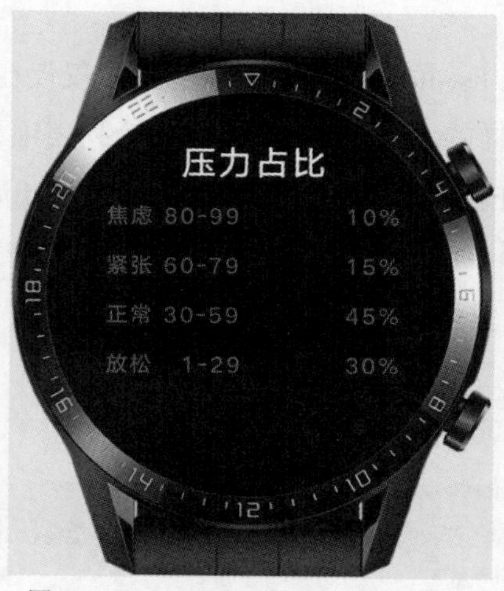

图 3-93　显示压力占比的压力占比页面

3.20.2 实现思路

在页面的生命周期事件函数 onInit()中，随机生成若干个指定范围内的整数，将其作为所有压力状态的数据。根据随机生成的整数统计每种压力状态所占的百分比，并通过动态数据绑定的方式将其显示在列表中。

3.20.3 代码详解

打开 report1.js 文件。

为了方便地表示每个列表项的所有相关数据，我们将其分别存储在一个字典中。将 states 数组中的 4 个列表项数据分别作为 value 存储在 4 个字典中。其中，对应的 key 都为 state。

上述讲解如代码清单 3-77 所示。

代码清单 3-77 report1.js

```
import router from '@system.router'

export default {
    data: {
        states: [
            {
                state: '焦虑 80-99'
            },
            {
                state: '紧张 60-79'
            },
            {
                state: '正常 30-59'
            },
            {
                state: '放松   1-29'
            }
        ]
    },
    toIndexPage(e) {
        if (e.direction == 'left') {
            router.replace({
                uri: 'pages/index/index'
```

```
            });
        }
    }
}
```

打开 report1.hml 文件。

对于列表项中 text 组件显示的文本，在两个花括号中就要通过$item.state 进行表示。其中，$item.后面的 state 表示 report1.js 中字典的 key。

上述讲解如代码清单 3-78 所示。

代码清单 3-78　report1.hml

```
import router from '@system.router'

<div class="container" onswipe="toIndexPage">
    <div class="title-container">
        <text class="title">
            压力占比
        </text>
    </div>
    <list class="state-wrapper">
        <list-item class="state-item" for="{{states}}">
            <text class="state">
                {{$item.state}}
            </text>
        </list-item>
    </list>
</div>
```

保存所有代码后打开 Previewer，与上一个任务相比运行结果没有发生任何变化。

打开 report1.js 文件。

为了能够在压力分类的右边显示对应的压力占比，在 states 数组中的每个字典中都添加一个 key 为 percent 的元素，并将对应的 value 都初始化为 0。

上述讲解如代码清单 3-79 所示。

代码清单 3-79　report1.js

```
import router from '@system.router'
```

```
export default {
    data: {
        states: [
            {
                state: '焦虑 80-99',
                percent: 0
            },
            {
                state: '紧张 60-79',
                percent: 0
            },
            {
                state: '正常 30-59',
                percent: 0
            },
            {
                state: '放松  1-29',
                percent: 0
            }
        ]
    },
    toIndexPage(e) {
        if (e.direction == 'left') {
            router.replace({
                uri: 'pages/index/index'
            });
        }
    }
}
```

打开 report1.hml 文件。

在 text 组件的下方添加一个 text 组件，以显示每个列表项的压力占比。将 class 属性的值设置为“state”。通过动态数据绑定的方式将显示的文本指定为“{{$item.percent}}%”。

在两个 text 组件的外部嵌套一个 div 组件，并将其 class 属性的值设置为“state-percent”。

上述讲解如代码清单 3-80 所示。

代码清单 3-80　report1.hml

```
<div class="container" onswipe="toIndexPage">
    <div class="title-container">
        <text class="title">
```

```
            压力占比
        </text>
    </div>
    <list class="state-wrapper">
        <list-item class="state-item" for="{{states}}">
            <div class="state-percent">
                <text class="state">
                    {{$item.state}}
                </text>
                <text class="state">
                    {{$item.percent}}%
                </text>
            </div>
        </list-item>
    </list>
</div>
```

打开 report1.css 文件。

添加一个名为 state-percent 的类选择器，以设置 report1.hml 中 list-item 组件的 div 内部组件的样式。将 width 和 height 的值分别设置为 320px 和 25px。将 justify-content 的值设置为 space-between，从而在主轴（水平方向）上将所有组件的对齐方式指定为两端对齐。

上述讲解如代码清单 3-81 所示。

代码清单 3-81　report1.css

```
......
.state {
    font-size: 24px;
    color: gray;
}
.state-percent {
    width: 320px;
    height: 25px;
    justify-content: space-between;
}
```

打开 report1.js 文件。

定义一个名为 getRandomInt 的函数，其两个形参分别为 min 和 max。该函数用于随机生成一个介于 min 和 max 之间（包含 min 和 max）的整数。在函数体中，Math.random()用于生成一个介于 0 和 1 之间（包含 0 但不包含 1）的随机数；Math.floor(x)用于返回小于等于 x 的最大整数。

上述讲解如代码清单 3-82 所示。

代码清单 3-82　report1.js

```
import router from '@system.router'

export default {
    data: {
        ......
    }
    getRandomInt(min, max) {
        return Math.floor(Math.random() * (max - min + 1) ) + min;
    },
    toIndexPage(e) {
        if (e.direction == 'left') {
            router.replace({
                uri: 'pages/index/index'
            });
        }
    }
}
```

在页面的生命周期事件函数 onInit()里，首先创建一个空数组并赋值给变量 stateData，然后通过 for 循环执行 20 次迭代。在每一次迭代中，调用 getRandomInt()自定义函数随机生成一个介于 1 和 99 之间的整数，并调用 push()函数将随机生成的整数添加到 stateData 数组中。

定义一个名为 countStatePercent 的函数，其形参为 stateData，该函数用于计算每种压力状态所占的百分比。

在 onInit()函数的最后，调用 countStatePercent()自定义函数，并将 stateData 作为实参传递给形参 stateData。

上述讲解如代码清单 3-83 所示。

代码清单 3-83　report1.js

```
import router from '@system.router'
```

```
export default {
    data: {
        ......
    },
    onInit() {
        let stateData = [];
        for (let i = 0; i < 20; i++) {
            stateData.push(this.getRandomInt(1, 99));
        }
        this.countStatePercent(stateData);
    },
    getRandomInt(min, max) {
        return Math.floor(Math.random() * (max - min + 1) ) + min;
    },
    countStatePercent(stateData) {

    },
    toIndexPage(e) {
        if (e.direction == 'left') {
            router.replace({
                uri: 'pages/index/index'
            });
        }
    }
}
```

在 countStatePercent()自定义函数的函数体中，声明 4 个变量：counter0、counter1、counter2 和 counter3，将其都初始化为 0。这 4 个变量都作为计数器，分别用于统计每种压力状态的数据个数。通过 for 循环对 stateData 数组中的所有压力状态数据进行遍历，并在遍历的过程中判断每个压力状态数据的范围，使用相应的计数器进行个数的统计。

遍历结束后，根据 4 个计数器的值分别计算每种压力状态所占的百分比，并将其作为 value 分别赋值给 data 中 states 数组里的字典。其中，对应的 key 都是 percent。

上述讲解如代码清单 3-84 所示。

代码清单 3-84　report1.js

```
import router from '@system.router'

export default {
```

```
    data: {
        ......
    getRandomInt(min, max) {
        return Math.floor(Math.random() * (max - min + 1) ) + min;
    },
    countStatePercent(stateData) {
        let counter0 = 0;
        let counter1 = 0;
        let counter2 = 0;
        let counter3 = 0;

        for (let index = 0; index < stateData.length; index++) {
            let currentData = stateData[index];

            if (currentData >= 80 && currentData <= 99) {
                counter0++;
            } else if (currentData >= 60 && currentData <= 79) {
                counter1++;
            } else if (currentData >= 30 && currentData <= 59) {
                counter2++;
            } else if (currentData >= 1 && currentData <= 29) {
                counter3++;
            }
        }

        this.states[0].percent = counter0 / stateData.length * 100;
        this.states[1].percent = counter1 / stateData.length * 100;
        this.states[2].percent = counter2 / stateData.length * 100;
        this.states[3].percent = counter3 / stateData.length * 100;
    },
    toIndexPage(e) {
        if (e.direction == 'left') {
            router.replace({
                uri: 'pages/index/index'
            });
        }
    }
}
```

保存所有代码后打开 Previewer，在压力占比页面中，在压力分类的右边显示出了对应的压力占比。运行效果如图 3-94 所示。

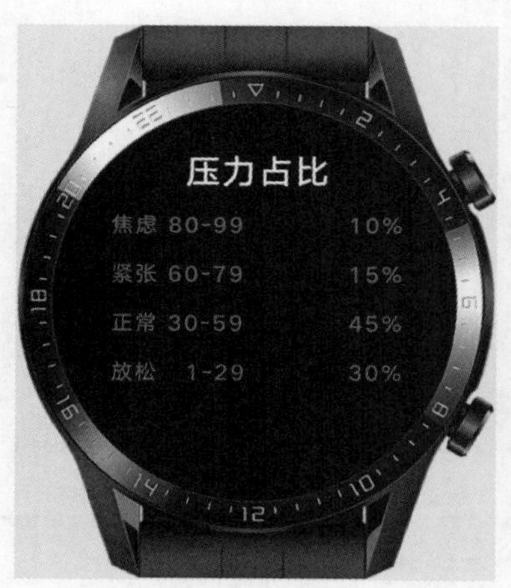

图 3-94　显示压力占比的压力占比页面

3.21　任务 21：在每个列表项的下方显示压力占比的进度条

3.21.1　运行效果

该任务实现的运行效果是这样的：在压力占比页面中，每个列表项的下方都显示压力占比的进度条。

运行效果如图 3-95 所示。

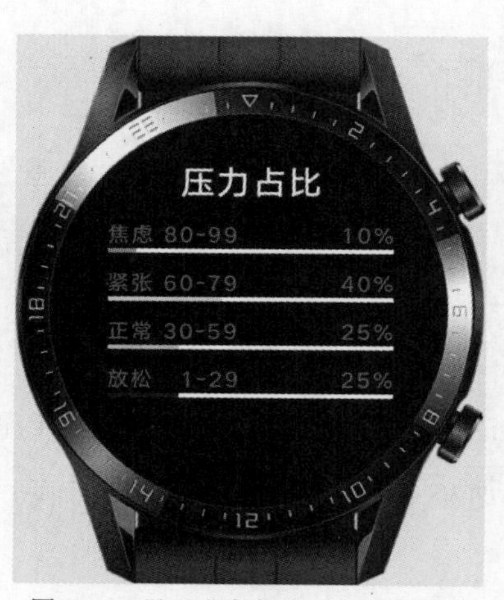

图 3-95　显示进度条的压力占比页面

3.21.2 实现思路

通过 progress 组件显示每个列表项中的进度条。通过 style 属性和动态数据绑定的方式指定进度条的颜色。

3.21.3 代码详解

打开 report1.js 文件。

为了使用不同的颜色对列表中的进度条进行区分，在 states 数组的每个字典中都添加一个 key-value 对。其中，所有的 key 都设置为 color，所有的 value 分别为'#ffa500'、'#ffff00'、'#00ffff'、和'#0000ff'。

上述讲解如代码清单 3-85 所示。

代码清单 3-85 report1.js

```
import router from '@system.router'

export default {
    data: {
        states: [
            {
                state: '焦虑 80-99',
                percent: 0,
                color: '#ffa500'
            },
            {
                state: '紧张 60-79',
                percent: 0,
                color: '#ffff00'
            },
            {
                state: '正常 30-59',
                percent: 0,
                color: '#00ffff'
            },
            {
                state: '放松   1-29',
                percent: 0,
```

```
                    color: '#0000ff'
                }
            ]
    },
    ......
}
```

打开 report1.hml 文件。

在 list-item 组件中添加一个 progress 组件，以在每个列表项中都显示一个进度条。将 class 属性的值设置为“progress-bar”。通过动态数据绑定的方式将 percent 属性的值指定为“{{$item.percent}}”，以使用列表项的压力占比来表示进度条的进度。通过动态数据绑定的方式指定 style 属性的值。其中，将 color 样式的值指定为{{$item.color}}。

上述讲解如代码清单 3-86 所示。

代码清单 3-86　report1.hml

```
<div class="container" onswipe="toIndexPage">
    <div class="title-container">
        <text class="title">
            压力占比
        </text>
    </div>
    <list class="state-wrapper">
        <list-item class="state-item" for="{{states}}">
            <div class="state-percent">
                <text class="state">
                    {{$item.state}}
                </text>
                <text class="state">
                    {{$item.percent}}%
                </text>
            </div>
            <progress class="progress-bar" percent="{{$item.percent}}" style="color: {{$item.color}}" />
        </list-item>
    </list>
</div>
```

打开 report1.css 文件。

在 state-item 类选择器中将 flex-direction 属性的值设置为 column，以在竖直方向上排列进度条和其他组件。

添加一个名为 progress-bar 的类选择器，以定义 progress 组件的样式。将 width 和 height

的值分别设置为 320px 和 5px。将 margin-top 的值设置为 5px，以让进度条和其上面的文本保持一定的间距。

上述讲解如代码清单 3-87 所示。

代码清单 3-87 report1.css

```
......
state-item {
    width: 320px;
    height: 55px;
    flex-direction: column;
}
.state {
    font-size: 24px;
    color: gray;
}
.state-percent {
    width: 320px;
    height: 25px;
    justify-content: space-between;
}
.progress-bar {
    width: 320px;
    height: 5px;
    margin-top: 5px;
}
```

保存所有代码后打开 Previewer，在压力占比页面中，每个列表项的下方都显示出了压力占比的进度条。运行效果如图 3-96 所示。

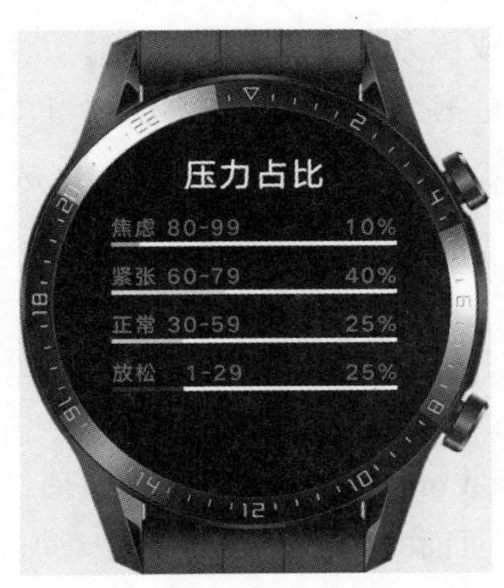

图 3-96 显示进度条的压力占比页面

3.22　任务 22：添加第 2 个训练报告页面并响应滑动事件

3.22.1　运行效果

该任务实现的运行效果是这样的：在 App 启动后首先显示的是主页面，但是主页面一闪而过，接着显示的是第 2 个训练报告页面。运行效果如图 3-97 所示。

图 3-97　第 2 个训练报告页面

当在第 2 个训练报告页面或压力占比页面中向左滑动时，首先显示的是主页面，但是主页面一闪而过，接着显示的是第 2 个训练报告页面。当在第 2 个训练报告页面中向下滑动时，显示的是压力占比页面。当在压力占比页面中向上滑动时，显示的是第 2 个训练报告页面。

3.22.2　实现思路

在主页面的生命周期事件函数 onInit()中跳转到某个页面，从而间接地将该页面设置为 App 在启动后显示的第 1 个页面。在页面的 div 最外层组件中添加 onswipe 属性，从而在页面触发滑动事件时自动调用指定的自定义函数。

3.22.3 代码详解

在项目的 pages 子目录上单击右键，在弹出的菜单中选中 New，然后在弹出的子菜单中单击 JS Page，以新建一个名为 report2 的 JS 页面。该页面将被作为第 2 个训练报告页面。

打开 report2.hml 文件。

将 text 组件中显示的文本修改为“第 2 个训练报告页面”。

上述讲解如代码清单 3-88 所示。

代码清单 3-88 report2.hml

```
<div class="container">
    <text class="title">
        第 2 个训练报告页面
    </text>
</div>
```

打开 report2.js 文件。

因为在 report2.hml 中没有使用 title 占位符，所以在 report2.js 中删除 title 及其动态数据绑定的值'World'。

上述讲解如代码清单 3-89 所示。

代码清单 3-89 report2.js

```
export default {
    data: {
        title: 'World'
    }
}
```

打开 report2.css 文件。

将 title 类选择器中 width 的值修改为 454px，以让 text 组件中的文本“第 2 个训练报告页面”能够在一行内显示。

上述讲解如代码清单 3-90 所示。

代码清单 3-90 report2.css

```
......
.title {
    font-size: 30px;
    text-align: center;
    width: 454px;
    height: 100px;
}
```

打开 report2.js 文件。

添加一个名为 toNextPage 的自定义函数，并定义一个名为 e 的形参。在函数体中通过 e.direction 的值判断滑动的方向。如果 e.direction 等于字符串“left”，那就跳转到主页面；如果 e.direction 等于字符串“down”，那就跳转到压力占比页面。

从'@system.router'中导入 router。

上述讲解如代码清单 3-91 所示。

代码清单 3-91 report2.js

```
import router from '@system.router'

export default {
    data: {

    } ,
    toNextPage(e) {
        switch(e.direction) {
            case 'left':
                router.replace({
                    uri: 'pages/index/index'
                });
                break;
            case 'down':
                router.replace({
                    uri: 'pages/report1/report1'
                });
        }
    }
}
```

打开 report2.hml 文件。

在最外层的 div 组件中将 onswipe 属性的值设置为 toNextPage 自定义函数。这样，当用户在第 2 个训练报告页面中用手指滑动时，就会触发页面的 onswipe 事件从而自动调用自定义函数 toNextPage。

上述讲解如代码清单 3-92 所示。

代码清单 3-92　report2.hml

```
<div class="container" onswipe="toNextPage">
    <text class="title">
        第 2 个训练报告页面
    </text>
</div>
```

打开 report1.js 文件。

将自定义函数 toIndexPage 重命名为 toNextPage。在函数体中通过 e.direction 的值判断滑动的方向。如果 e.direction 等于字符串“left”，那就跳转到主页面；如果 e.direction 等于字符串“up”，那就跳转到第 2 个训练报告页面。为了让大家熟悉 JavaScript 的更多语法知识，这里将 if 语句修改为 switch 语句。

上述讲解如代码清单 3-93 所示。

代码清单 3-93　report1.js

```
import router from '@system.router'

export default {
    data: {

    },
    toNextPage(e) {
        switch(e.direction) {
            case 'left':
                router.replace({
                    uri: 'pages/index/index'
                });
                break;
            case 'up':
```

```
                router.replace({
                    uri: 'pages/report2/report2'
                });
            }
        }
}
```

打开 report1.hml 文件。

将 onswipe 属性的值修改为重命名后的函数名 toNextPage。

上述讲解如代码清单 3-94 所示。

代码清单 3-94　report1.hml

```
<div class="container" onswipe="toNextPage">
    <div class="title-container">
        <text class="title">
            压力占比
        </text>
    </div>
......
</div>
```

打开 index.js 文件。

为了方便测试，我们在主页面的生命周期事件函数 onInit()中跳转到第 2 个训练报告页面。这样，在 App 启动后我们看到的第 1 个页面就是第 2 个训练报告页面。

上述讲解如代码清单 3-95 所示。

代码清单 3-95　index.js

```
......
    onInit() {
        console.log("主页面的 onInit()正在被调用");

        router.replace({
            uri: 'pages/report2/report2'
        });
    },
......
```

保存所有代码后打开 Previewer，首先显示的是主页面，但是主页面一闪而过，接着显示的是第 2 个训练报告页面。运行效果如图 3-98 所示。

图 3-98　第 2 个训练报告页面

当在第 2 个训练报告页面或压力占比页面中向左滑动时，首先显示的是主页面，但是主页面一闪而过，接着显示的是第 2 个训练报告页面。当在第 2 个训练报告页面中向下滑动时，显示的是压力占比页面。当在压力占比页面中向上滑动时，显示的是第 2 个训练报告页面。

3.23　任务 23：在第 2 个训练报告页面中显示除心率曲线之外的所有内容

3.23.1　运行效果

该任务实现的运行效果是这样的：在第 2 个训练报告页面（后面都称之为心率曲线页面）显示页面标题、心率最大值及其图标、心率最小值及其图标、心率在每分钟内的平均次数。运行效果如图 3-99 所示。

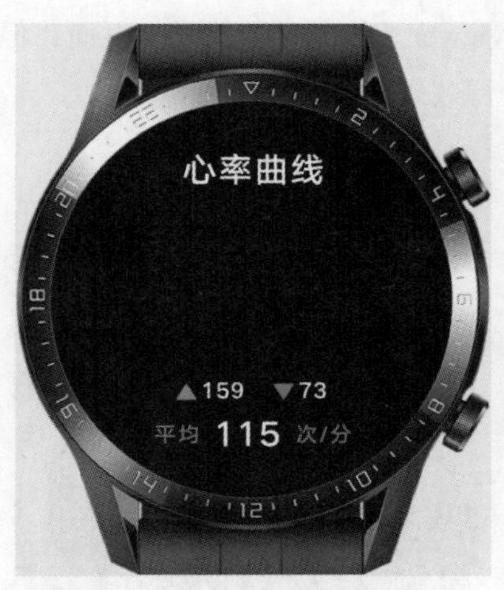

图 3-99 心率曲线页面

3.23.2 实现思路

在页面的生命周期事件函数 onInit()中，随机生成若干个指定范围内的整数，以作为所有的心率数据。根据随机生成的整数统计所有心率的最大值、最小值和平均值，并通过动态数据绑定的方式将其显示在页面中。

3.23.3 代码详解

打开 report2.hml 文件。

将 text 组件中显示的页面标题修改为“心率曲线”，并在其外层嵌套一个 div 组件，以便对其样式进行设置。将该 div 组件的 class 属性的值设置为“title-container”。

在页面标题的下方添加一个 div 组件以显示心率曲线图，并将 class 属性的值设置为“chart”。

在心率曲线图的下方添加一个 list 组件，以显示心率的最大值、最小值及其图标，并将 class 属性的值设置为“list”。

在 list 组件的内部嵌套一个 list-item 组件以显示列表中的每个列表项，并将 class 属性的值设置为“list-item”。通过动态数据绑定的方式指定 for 属性的值为“{{maxmin}}”，从而对 report2.js 中 data 里面的 maxmin 进行迭代。

每个列表项都由一张图片和一个文本组成，因此在 list-item 组件中添加一个 image 组件和一个 text 组件。

在 image 组件中将属性 class 的值设置为“icon”，并通过动态数据绑定的方式将 src 属性的值设置为“/common/{{$item.iconName}}.png”。这样，report2.js 中 data 里面的 maxmin 可以是一个字典的数组，数组中的每个字典都包含一个 key 为 iconName 的元素。

在 text 组件中将 class 属性的值设置为“maxmin”，并通过动态数据绑定的方式将显示的文本设置为“{{$item.mValue}}”。这样，对于 report2.js 中 data 里面的 maxmin 数组，其中的每个字典都包含一个 key 为 mValue 的元素。

在列表的下方添加一个 div 组件以显示心率平均值，并将 class 属性的值设置为“average-container”。

在 div 组件中嵌套定义 3 个 text 组件，其 class 属性的值分别为“average”“average-number”和“average”，其显示的文本分别为“平均”“{{average}}”“次/分”。

上述讲解如代码清单 3-96 所示。

代码清单 3-96　report2.hml

```
<div class="container" onswipe="toNextPage">
    <div class="title-container">
        <text class="title">
            心率曲线
        </text>
    </div>
    <div class="chart">

    </div>
    <list class="list">
        <list-item class="list-item" for="{{maxmin}}">
            <image class="icon" src="/common/{{$item.iconName}}.png"/>
            <text class="maxmin">
                {{$item.mValue}}
            </text>
        </list-item>
    </list>
    <div class="average-container">
        <text class="average">
            平均
```

```
        </text>
        <text class="average-number">
            {{average}}
        </text>
        <text class="average">
            次/分
        </text>
    </div>
</div>
```

打开 report2.css 文件。

在 container 类选择器中删除 display、left 和 top 样式。将 flex-direction 的值设置为 column，以在竖直方向上排列容器内的所有组件。将 justify-content 的值修改为 flex-start，以让容器内的所有组件在主轴上向上对齐。

在 title 类选择器中删除 text-align、width 和 height 样式。将 font-size 的值修改为 38px。将 margin-top 的值设置为 40px，以让页面标题与页面的上边缘保持一定的间距。

添加一个名为 title-container 的类选择器，以设置页面标题的样式。将 justify-content 和 align-items 都设置为 center，以让容器内的组件在水平方向和竖直方向都居中对齐。将 width 和 height 的值分别设置为 300px 和 130px。

添加一个名为 chart 的类选择器，以设置心率曲线图的样式。将 width 和 height 的值分别设置为 400px 和 180px。

添加一个名为 list 的类选择器，以设置列表的样式。将 flex-direction 的值设置为 row，以在水平方向上排列所有列表项。将 width 和 height 的值分别设置为 200px 和 45px。

添加一个名为 list-item 的类选择器，以设置列表项的样式。将 justify-content 和 align-items 都设置为 center，以让列表项内的组件在水平方向和竖直方向都居中对齐。将 width 和 height 的值分别设置为 100px 和 45px。

添加一个名为 icon 的类选择器，以设置心率的最大值图标和最小值图标的样式。将 width 和 height 的值分别设置为 32px 和 32px。

添加一个名为 maxmin 的类选择器，以设置心率的最大值文本和最小值文本的样式。将 font-size 的值设置为 24px。将 letter-spacing 的值设置为 0px，以让数字之间的间距更紧凑。

添加一个名为 average-container 的类选择器，以设置心率平均值的相关文本的样式。将 justify-content 的值设置为 space-between，以让容器内的组件在水平方向上两端对齐。将 align-items 的值设置为 center，以让容器内的组件在竖直方向上居中对齐。将 width 和 height 的值分别设置为 220px 和 55px。

添加一个名为 average-number 的类选择器，以设置心率平均值的样式。将 font-size 的值设置为 38px。将 letter-spacing 的值设置为 0px，以让数字之间的间距更紧凑。

添加一个名为 average 的类选择器，以设置心率平均值的两边文本的样式。将 font-size 的值设置为 24px。将 color 的值设置为 gray，以将文本显示为灰色。

上述讲解如代码清单 3-97 所示。

代码清单 3-97　report2.css

```
.container {
    display: flex;
    flex-direction: column;
    justify-content: flex-start;
    align-items: center;
    left: 0px;
    top: 0px;
    width: 454px;
    height: 454px;
}
.title-container {
    justify-content: center;
    align-items: center;
    width: 300px;
    height: 130px;
}
.title {
    margin-top: 40px;
    font-size: 38px;
    text-align: center;
    width: 454px;
    height: 100px;
}
.chart {
    width: 400px;
    height: 180px;
}
```

```
.list {
    flex-direction: row;
    width: 200px;
    height: 45px;
}
.list-item {
    justify-content: center;
    align-items: center;
    width: 100px;
    height: 45px;
}
.icon {
    width: 32px;
    height: 32px;
}
.maxmin {
    font-size: 24px;
    letter-spacing: 0px;
}
.average-container {
    justify-content: space-between;
    align-items: center;
    width: 220px;
    height: 55px;
}
.average {
    font-size: 24px;
    color: gray;
}
.average-number {
    font-size: 38px;
    letter-spacing: 0px;
}
```

把心率最大值图标 max.png 和心率最小值图标 min.png 添加到 common 目录中。

打开 report2.js 文件。

在 data 中将 maxmin 占位符初始化为一个字典数组。该数组中包含两个字典，分别表示心率最大值和心率最小值的相关信息。每个字典中都有两个元素，对应的 key 都是 iconName 和 mValue，分别表示心率最值的图标名称和心率最值。对于第一个字典，将心率最大值的图标名称 iconName 初始化为“max”，并将心率最大值初始化为 0。对于第二个字典，将心率最小值的图标名称 iconName 初始化为“min”，并将心率最小值初始化为 0。

在 data 中将 average 占位符初始化为 0。

上述讲解如代码清单 3-98 所示。

代码清单 3-98 report2.js

```
import router from '@system.router'

export default {
    data: {
        maxmin: [{
                    iconName: 'max',
                    mValue: 0
                },
                {
                    iconName: 'min',
                    mValue: 0
                }],
        average: 0
    },
    toNextPage(e) {
        ......
    }
}
```

将 report1.js 中自定义的名为 getRandomInt 的函数复制过来，该函数用于随机生成一个介于 min 和 max 之间（包含 min 和 max）的整数。

在页面的生命周期事件函数 onInit()中，首先创建一个空数组并赋值给变量 heartRates，然后通过 for 循环执行 100 次迭代。在每一次迭代中，调用 getRandomInt()自定义函数随机生成一个介于 73 和 159 之间的整数，并调用 push()函数将随机生成的整数添加到 heartRates 数组中。

定义一个名为 countMaxMinAverage 的函数，其形参为 heartRates，该函数用于计算 heartRates 中所有元素的最大值、最小值和平均值。

在 onInit()函数的最后，调用 countMaxMinAverage ()自定义函数，并将 heartRates 作为实参传递给形参 heartRates。

上述讲解如代码清单 3-99 所示。

代码清单 3-99　report2.js

```
import router from '@system.router'

export default {
    data: {
        ......
    },
    onInit() {
        let heartRates = [];
        for (let i = 0; i < 100; i++) {
            heartRates.push(this.getRandomInt(73, 159));
        }
        this.countMaxMinAverage(heartRates);
    },
    getRandomInt(min, max) {
        return Math.floor(Math.random() * (max - min + 1) ) + min;
    },
    countMaxMinAverage(heartRates) {

    },
    toNextPage(e) {
        ......
    }
}
```

在自定义函数 countMaxMinAverage ()的函数体中，分别调用 Math.max.apply()和 Math.min.apply()计算 heartRates 数组中的最大值和最小值，然后分别赋值给 data 中的 maxmin[0].mValue 和 maxmin[1].mValue。通过 for 循环对 heartRates 数组中的所有心率数据进行遍历，在遍历的过程中将心率数据累加到变量 sum，以计算 heartRates 数组中所有心率数据的总和。求出总和之后，将其除以所有心率数据的个数就得到了所有心率数据的平均值。调用 Math.round()函数返回与心率平均值最接近的整数，并将其赋值给 data 中的 average。

上述讲解如代码清单 3-100 所示。

代码清单 3-100　report2.js

```
import router from '@system.router'

export default {
    ......
    countMaxMinAverage(heartRates) {
        this.maxmin[0].mValue = Math.max.apply(null, heartRates);
        this.maxmin[1].mValue = Math.min.apply(null, heartRates);
```

```
        let sum = 0;
        for (let index = 0; index < heartRates.length; index++) {
            sum += heartRates[index];
        }
        this.average = Math.round(sum / heartRates.length);
    },
    ......
}
```

保存所有代码后打开 Previewer，在心率曲线页面显示出了页面标题、心率最大值及其图标、心率最小值及其图标、心率在每分钟内的平均次数。运行效果如图 3-100 所示。

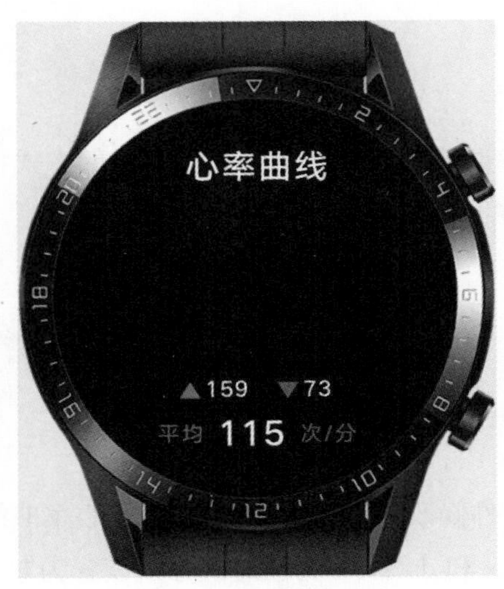

图 3-100　心率曲线页面

3.24　任务 24：在心率曲线页面中显示绘制的心率曲线

3.24.1　运行效果

该任务实现的运行效果是这样的：在心率曲线页面中显示绘制的心率曲线。运行效果如图 3-101 所示。

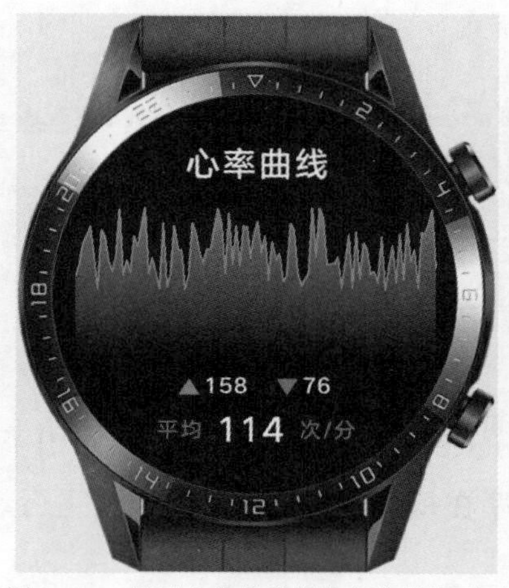

图 3-101　显示心率曲线图的心率曲线页面

3.24.2　实现思路

使用 chart 组件绘制心率曲线图。通过动态数据绑定的方式指定 chart 组件中 options 和 datasets 属性的值，以对图形的参数进行设置。

3.24.3　代码详解

打开 report2.hml 文件。

将 list 组件上方的 div 组件修改为 chart，以绘制一张心率曲线图。在 chart 组件中，通过动态数据绑定的方式将 options 和 datasets 属性的值分别设置为“{{options}}”和“{{datasets}}”。

上述讲解如代码清单 3-101 所示。

代码清单 3-101　report2.hml

```
<div class="container" onswipe="toNextPage">
    <div class="title-container">
        <text class="title">
            心率曲线
        </text>
    </div>
    <chart class="chart" options="{{options}}" datasets="{{datasets}}"/>
    </div>
    <list class="list">
```

```
        ......
    </list>
    ......
</div>
```

打开 report2.js 文件。

在 data 中将 options 占位符的值初始化为一个字典，字典中包含两个元素，分别用于设置 *x* 轴和 *y* 轴的参数。第一个元素的 key 是 xAxis，对应的 value 是一个空字典{}，说明不需要对 *x* 轴的参数进行设置。第二个元素的 key 是 yAxis，对应的 value 是一个由两个元素组成的字典，分别用于设置 *y* 轴的最小值和最大值。其中，key 分别是 min 和 max，value 分别是 0 和 160。

在 data 中将 datasets 占位符的值初始化为一个字典的数组。该数组中只包含一个字典，该字典中包含两个元素。第一个元素的 key 是 gradient，对应的 value 是 true，用于表示折线向下填充颜色到 *x* 轴。第二个元素的 key 是 data，对应的 value 是一个空数组[]，用于指定心率图中的数据。

在页面的生命周期事件函数 onInit()中，在随机生成 100 个整数之后将所有整数组成的数组赋值给 data 中的 datasets[0].data。

上述讲解如代码清单 3-102 所示。

代码清单 3-102 report2.js

```
import router from '@system.router'

export default {
    data: {
        ......
        average: 0,
        options: {
            xAxis: {},
            yAxis: {
                min: 0,
                max: 160
            }
        },
        datasets: [{
                      gradient: true,
                      data: []
                  }]
    },
    onInit() {
```

```
        let heartRates = [];
        for (let i = 0; i < 100; i++) {
            heartRates.push(this.getRandomInt(73, 159));
        }
        this.datasets[0].data = heartRates;
        this.countMaxMinAverage(heartRates);
    },
    ......
}
```

保存所有代码后打开 Previewer，在心率曲线页面中显示出了绘制的心率曲线。运行效果如图 3-102 所示。

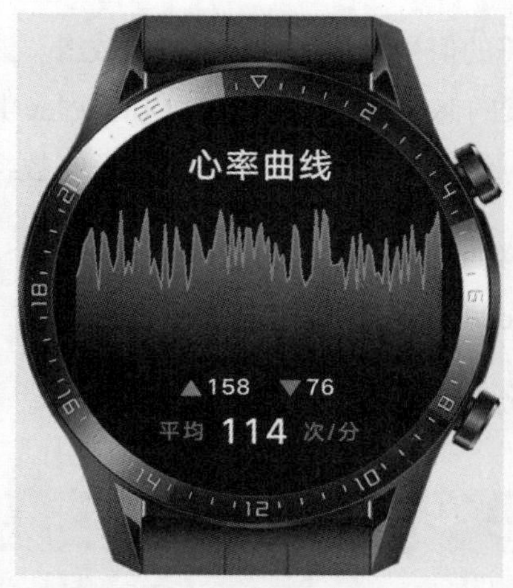

图 3-102　显示心率曲线图的心率曲线页面

3.25　任务 25：添加第 3 个训练报告页面并响应滑动事件

3.25.1　运行效果

该任务实现的运行效果是这样的：在 App 启动后首先显示的是主页面，但是主页面一闪而过，接着显示的是第 3 个训练报告页面。运行效果如图 3-103 所示。

当在第 3 个训练报告页面中向左滑动时，首先显示的是主页面，但是主页面一闪而过，接着显示的是第 3 个训练报告页面。当在第 3 个训练报告页面中向下滑动时，显示的是心率曲线页面。当在心率曲线页面中向上滑动时，显示的是第 3 个训练报告页面。

图 3-103 第 3 个训练报告页面

3.25.2 实现思路

在主页面的生命周期事件函数 onInit()中跳转到某个页面，从而间接地将该页面设置为 App 在启动后显示的第 1 个页面。在页面的最外层 div 组件中添加 onswipe 属性，从而在页面触发滑动事件时自动调用指定的自定义函数。

3.25.3 代码详解

在项目的 pages 子目录上单击右键，在弹出的菜单中选中 New，然后在弹出的子菜单中单击 JS Page，以新建一个名为 report3 的 JS 页面。该页面将被作为第 3 个训练报告页面。

打开 report3.hml 文件。

将 text 组件中显示的文本修改为“第 3 个训练报告页面”。

上述讲解如代码清单 3-103 所示。

代码清单 3-103 report3.hml

```
<div class="container">
    <text class="title">
```

```
        第 3 个训练报告页面
    </text>
</div>
```

打开 report3.js 文件。

因为在 report3.hml 中没有使用 title 占位符，所以在 report3.js 中删除 title 及其动态数据绑定的值'World'。

上述讲解如代码清单 3-104 所示。

代码清单 3-104　report3.js

```
export default {
    data: {
        title: 'World'
    }
}
```

打开 report3.css 文件。

将 title 类选择器中 width 的值修改为 454px，以让 text 组件中的文本“第 3 个训练报告页面”能够在一行内显示。

上述讲解如代码清单 3-105 所示。

代码清单 3-105　report3.css

```
......
.title {
    font-size: 30px;
    text-align: center;
    width: 454px;
    height: 100px;
}
```

打开 report3.js 文件。

添加一个名为 toNextPage 的自定义函数，并定义一个名为 e 的形参。在函数体中通过 e.direction 的值判断滑动的方向。如果 e.direction 等于字符串“left”，那就跳转到主页面；如果 e.direction 等于字符串“down”，那就跳转到心率曲线页面。

从'@system.router'中导入 router。

上述讲解如代码清单 3-106 所示。

代码清单 3-106 report3.js

```
import router from '@system.router'

export default {
    data: {

    } ,
    toNextPage(e) {
        switch(e.direction) {
            case 'left':
                router.replace({
                    uri: 'pages/index/index'
                });
                break;
            case 'down':
                router.replace({
                    uri: 'pages/report2/report2'
                });
        }
    }
}
```

打开 report3.hml 文件。

在最外层的 div 组件中将 onswipe 属性的值设置为自定义的函数名 toNextPage。这样，当用户在第 3 个训练报告页面中用手指滑动时，就会触发页面的 onswipe 事件从而自动调用自定义的 toNextPage 函数。

上述讲解如代码清单 3-107 所示。

代码清单 3-107 report3.hml

```
<div class="container" onswipe="toNextPage">
    <text class="title">
        第 3 个训练报告页面
    </text>
</div>
```

打开 report2.js 文件。

在 toNextPage()函数中添加一个 case 分支：如果 e.direction 等于字符串“up”，那就跳转到第 3 个训练报告页面。

上述讲解如代码清单 3-108 所示。

代码清单 3-108　report2.js

```
import router from '@system.router'

export default {
    ......
    toNextPage(e) {
        switch(e.direction) {
            case 'left':
                router.replace({
                    uri: 'pages/index/index'
                });
                break;
            case 'up':
                router.replace({
                    uri: 'pages/report3/report3'
                });
                break;
            case 'down':
                router.replace({
                    uri: 'pages/report1/report1'
                });
        }
    }
}
```

打开 index.js 文件。

为了方便测试，我们在主页面的生命周期事件函数 onInit()中跳转到第 3 个训练报告页面。这样，在 App 启动后我们看到的第 1 个页面就是第 3 个训练报告页面。

上述讲解如代码清单 3-109 所示。

代码清单 3-109　index.js

```
......
    onInit() {
```

```
        console.log("主页面的 onInit()正在被调用");

        router.replace({
            uri: 'pages/report3/report3'
        });
    },
......
```

保存所有代码后打开 Previewer，首先显示的是主页面，但是主页面一闪而过，接着显示的是第 3 个训练报告页面。运行效果如图 3-104 所示。

图 3-104　第 3 个训练报告页面

当在第 3 个训练报告页面中向左滑动时，首先显示的是主页面，但是主页面一闪而过，接着显示的是第 3 个训练报告页面。当在第 3 个训练报告页面中向下滑动时，显示的是心率曲线页面。当在心率曲线页面中向上滑动时，显示的是第 3 个训练报告页面。

3.26　任务 26：在第 3 个训练报告页面中显示除活动分布图之外的所有内容

3.26.1　运行效果

该任务实现的运行效果是这样的：在第 3 个训练报告页面（后面都称之为今日活动分布页

面）显示页面标题、一天内的几个时间点、活动占比和静止占比的列表。运行效果如图 3-105 所示。

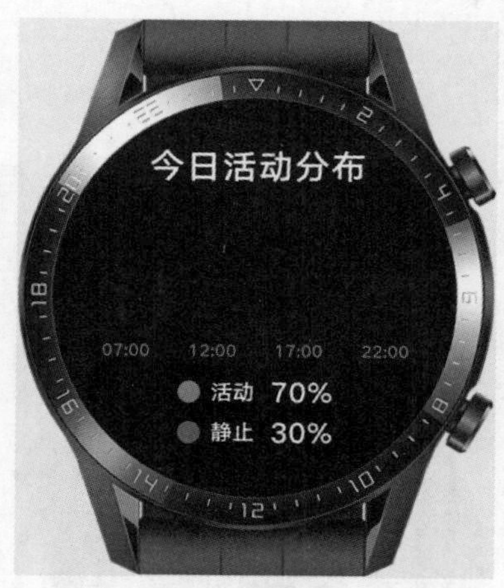

图 3-105 今日活动分布页面

3.26.2 实现思路

在页面的生命周期事件函数 onInit()中，随机生成若干个 0 和 1，以作为所有的活动分布数据。根据随机生成的整数统计活动所占的比例和静止所占的比例，并通过动态数据绑定的方式将其显示在页面中。

3.26.3 代码详解

打开 report3.hml 文件。

将 text 组件中显示的页面标题修改为“今日活动分布”，并在其外层嵌套一个 div 组件，以便对其样式进行设置。将该 div 组件的 class 属性的值设置为“title-container”。

在页面标题的下方添加一个 div 组件，以显示今日活动分布图，并将 class 属性的值设置为“chart-container”。

在今日活动分布图对应组件的下方添加一个 div 组件，以显示一天中的几个时间点，并将 class 属性的值设置为“time-container”。在该 div 组件的内部嵌套一个 text 组件，将其 class 属性的值设置为“time”。通过动态数据绑定的方式指定 for 属性的值为“{{timeRange}}”，从而对 report3.js 中 data 里面的 timeRange 进行迭代。通过动态数据绑定的方式将 text 组件中显示的文本指定为“{{$item}}”。

在时间点对应组件的下方添加一个 list 组件，以显示活动和静止的图标、文本和百分比，并将 class 属性的值设置为“activities-list”。

在 list 组件的内部嵌套一个 list-item 组件，以显示列表中的每个列表项，并将 class 属性的值设置为“activity”。通过动态数据绑定的方式指定 for 属性的值为“{{activityData}}”，从而对 report3.js 中 data 里面的 activityData 进行迭代。

每个列表项都由一张图片和两个文本组成，因此在 list-item 组件中添加一个 image 组件和两个 text 组件。

在 image 组件中将 class 属性的值设置为“icon”，并通过动态数据绑定的方式将 src 属性的值设置为“/common/{{$item.iconName}}-circle.png”。这样，report3.js 中 data 里面的 activityData 可以是一个字典的数组，数组中的每个字典都包含一个 key 为 iconName 的元素。

在第一个 text 组件中将 class 属性的值设置为“type”，并通过动态数据绑定的方式将显示的文本设置为“{{$item.text}}”。这样，对于 report3.js 中 data 里面的数组 activityData，其中的每个字典都包含一个 key 为 text 的元素。

在第二个 text 组件中将 class 属性的值设置为“percent”，并通过动态数据绑定的方式将显示的文本设置为“{{$item.percent}}%”。这样，对于 report3.js 中 data 里面的数组 activityData，其中的每个字典都包含一个 key 为 percent 的元素。

上述讲解如代码清单 3-110 所示。

代码清单 3-110　report3.hml

```
<div class="container" onswipe="toNextPage">
    <div class="title-container">
        <text class="title">
            今日活动分布
        </text>
    </div>
    <div class="chart-container">
    </div>
```

```
    <div class="time-container">
        <text class="time" for="{{timeRange}}">
            {{$item}}
        </text>
    </div>
    <list class="activities-list">
        <list-item class="activity" for="{{activityData}}">
            <image class="icon" src="/common/{{$item.iconName}}-circle.png"/>
            <text class="type">
                {{$item.text}}
            </text>
            <text class="percent">
                {{$item.percent}}%
            </text>
        </list-item>
    </list>
</div>
```

打开 report3.css 文件。

在 container 类选择器中删除 display、left 和 top 样式。将 flex-direction 的值设置为 column，以在竖直方向上排列容器内的所有组件。将 justify-content 的值修改为 flex-start，以让容器内的所有组件在主轴上向上对齐。

在 title 类选择器中删除 text-align、width 和 height 样式。将 font-size 的值修改为 38px。将 margin-top 的值设置为 40px，以让页面标题与页面的上边缘保持一定的间距。

添加一个名为 title-container 的类选择器，以设置页面标题的样式。将 justify-content 和 align-items 都设置为 center，以让容器内的组件在水平方向和竖直方向都居中对齐。将 width 和 height 的值分别设置为 300px 和 130px。

添加一个名为 chart-container 的类选择器，以设置今日活动分布图的样式。将 width 和 height 的值分别设置为 340px 和 150px。

添加一个名为 time-container 的类选择器，以设置时间点的样式。将 width 和 height 的值分别设置为 340px 和 25px。将 justify-content 的值设置为 space-between，以让容器内的组件在水平方向都两端对齐。将 align-items 的值设置为 center，以让容器内的组件在竖直方向都居中对齐。

添加一个名为 time 的类选择器，以设置时间点文本的样式。将 font-size 的值设置为 18px，将 color 的值设置为 gray，并将 letter-spacing 的值设置为 0px。

添加一个名为 activities-list 的类选择器，以设置活动占比的列表的样式。将 width 和 height 的值分别设置为 180px 和 110px。将 margin-top 的值设置为 10px，以让活动占比的列表与其上面的时间点保持一定距离的间隔。

添加一个名为 activity 的类选择器，以设置活动占比列表项的样式。将 width 和 height 的值分别设置为 175px 和 45px。将 justify-content 的值设置为 space-between，以让列表项内的组件在水平方向都两端对齐。将 align-items 的值设置为 center，以让列表项内的组件在竖直方向都居中对齐。

添加一个名为 icon 的类选择器，以设置活动图标和静止图标的样式。将 width 和 height 的值分别设置为 32px 和 32px。

添加一个名为 type 的类选择器，以设置活动文本和静止文本的样式。将 font-size 的值设置为 24px。将 letter-spacing 的值设置为 0px，以让数字之间的间距更紧凑。将 margin-right 的值设置为 10px，以让活动文本和静止文本与图标的距离更近一些。

添加一个名为 percent 的类选择器，以设置活动占比和静止占比的样式。将 font-size 的值设置为 30px，并将 letter-spacing 的值设置为 0px。

上述讲解如代码清单 3-111 所示。

代码清单 3-111 report3.css

```
.container {
    display: flex;
    flex-direction: column;
    justify-content: flex-start;
    align-items: center;
    left: 0px;
    top: 0px;
    width: 454px;
    height: 454px;
}
.title-container {
    justify-content: center;
    align-items: center;
    width: 300px;
    height: 130px;
```

```
}
.title {
    margin-top: 40px;
    font-size: 38px;
    text-align: center;
    width: 454px;
    height: 100px;
}
.chart-container {
    width: 340px;
    height: 150px;
}
.time-container {
    width: 340px;
    height: 25px;
    justify-content: space-between;
    align-items: center;
}
.time {
    font-size: 18px;
    color: gray;
    letter-spacing: 0px;
}
.activities-list {
    width: 180px;
    height: 110px;
    margin-top: 10px;
}
.activity {
    width: 175px;
    height: 45px;
    justify-content: space-between;
    align-items: center;
}
.icon {
    width: 32px;
    height: 32px;
}
.type {
    font-size: 24px;
    letter-spacing: 0px;
    margin-right: 10px;
}
.percent {
    font-size: 30px;
    letter-spacing: 0px;
}
```

把活动图标 red-circle.png 和静止图标 gray-circle.png 添加到 common 目录中。

打开 report3.js 文件。

在 data 中将 timeRange 占位符初始化为一个数组，该数组中的元素分别为“07:00”“12:00”“17:00”“22:00”。

在 data 中将 activityData 占位符初始化为一个字典的数组。该数组中包含两个字典，分别表示活动和静止的相关信息。每个字典中都有 3 个元素，对应的 key 都是 iconName、text 和 percent，分别表示活动和静止的图标名称、文本和百分比。对于第一个字典，将活动的图标名称 iconName 初始化为“red”，将文本初始化为“活动”，并将百分比初始化为 0。对于第二个字典，将静止的图标名称 iconName 初始化为“gray”，将文本初始化为“静止”，并将百分比初始化为 0。

上述讲解如代码清单 3-112 所示。

代码清单 3-112　report3.js

```
import router from '@system.router'

export default {
    data: {
        timeRange: ["07:00", "12:00", "17:00", "22:00"],
        activityData: [
            {
                iconName: "red",
                text: "活动",
                percent: 0
            },
            {
                iconName: "gray",
                text: "静止",
                percent: 0
            }
        ]
    },
    toNextPage(e) {
        ......
    }
}
```

定义一个名为 getRandomZeroOrOne 的函数，该函数用于随机生成一个整数 0 或 1。在函数体中，Math.random()用于生成一个介于 0 和 1 之间（包含 0 但不包含 1）的随机数；Math.floor(x)用于返回小于等于 x 的最大整数。

在页面的生命周期事件函数 onInit()里，首先创建一个空数组并赋值给变量 activities，然后通过 for 循环执行 20 次迭代。在每一次迭代中，调用自定义函数 getRandomZeroOrOne()随机生成一个整数 0 或 1，并调用函数 push()将随机生成的整数添加到数组 activities 中。

定义一个名为 countActivityPercent 的函数，其形参为 activities。该函数用于计算 activities 中整数 1 和整数 0 分别所占的百分比。

在函数 onInit()的最后，调用自定义函数 countActivityPercent()，并将 activities 作为实参传递给形参 activities。

上述讲解如代码清单 3-113 所示。

代码清单 3-113 report3.js

```
import router from '@system.router'

export default {
    data: {
        ......
    },
    onInit() {
        let activities = [];
        for (let i = 0; i < 20; i++) {
            activities.push(this.getRandomZeroOrOne());
        }

        this.countActivityPercent(activities);
    },
    getRandomZeroOrOne() {
        return Math.floor(Math.random() + 0.5);
    },
    countActivityPercent(activities) {

    },
    toNextPage(e) {
        ......
    }
}
```

在自定义函数 countActivityPercent ()的函数体中，通过 for 循环对 activities 数组中的所有活动分布数据进行遍历。在遍历的过程中将数值为 1 的元素累加到变量 count，以计算数组 activities

中所有数值为 1 的元素的个数。求出个数之后，将其除以所有活动分布数据的个数就得到了活动所占的百分比，将其乘以 100 后再调用 Math.round()函数返回最接近的整数，并将其赋值给 data 中的 activityData[0].percent。用 100 减去 data 中的 activityData[0].percent，将计算结果赋值给 data 中的 activityData[1].percent。

上述讲解如代码清单 3-114 所示。

代码清单 3-114　report3.js

```
import router from '@system.router'

export default {
    ......
    countActivityPercent(activities) {
        let count = 0;
        for (let index = 0; index < activities.length; index++) {
            if (activities[index] == 1) {
                count++;
            }
        }

        this.activityData[0].percent = Math.round(count / activities.length * 100);
        this.activityData[1].percent = 100 - this.activityData[0].percent;
    },
    ......
}
```

保存所有代码后打开 Previewer，在今日活动分布页面中显示出了页面标题、一天内的几个时间点、活动占比和静止占比的列表。运行效果如图 3-106 所示。

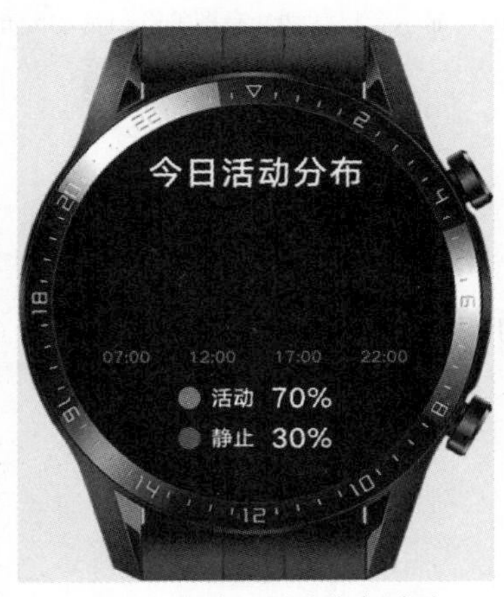

图 3-106　今日活动分布页面

3.27　任务 27：在今日活动分布页面中显示绘制的今日活动分布图

3.27.1　运行效果

该任务实现的运行效果是这样的：在今日活动分布页面中显示绘制的今日活动分布图。运行效果如图 3-107 所示。

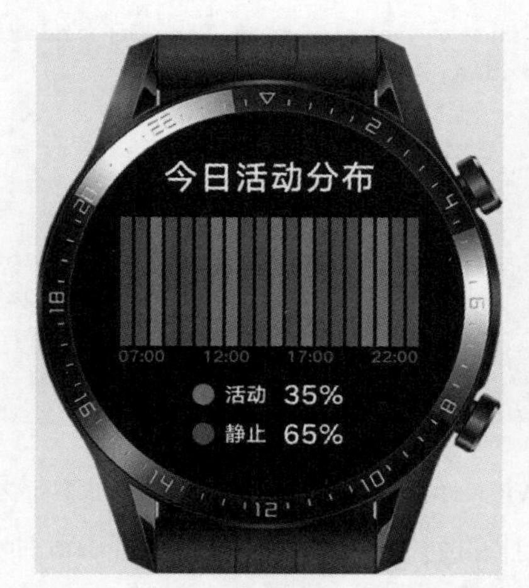

图 3-107　显示今日活动分布图的今日活动分布页面

3.27.2　实现思路

通过将 chart 组件的 type 属性设置为“bar”来绘制一张柱状图。通过 stack 组件来堆叠其中的子组件，从而分别绘制活动柱状图和静止柱状图。

3.27.3　代码详解

打开 report3.hml 文件。

将今日活动分布图对应的 div 组件修改为 chart。在 chart 组件中，通过动态数据绑定的方式将 options 和 datasets 属性的值分别设置为“{{options}}”和“{{datasets}}”。将 type 属性的值设置为“{{bar}}”，以显示一张柱状图。

上述讲解如代码清单 3-115 所示。

代码清单 3-115　report3.hml

```
<div class="container" onswipe="toNextPage">
    <div class="title-container">
        <text class="title">
            今日活动分布
        </text>
    </div>
    <chart class="chart-container" type="bar" options="{{options}}" datasets="{{datasets}}"/>
    </div>
    <div class="time-container">
        <text class="time" for="{{timeRange}}">
            {{$item}}
        </text>
    </div>
     ......
</div>
```

打开 report3.js 文件。

在 data 中将 options 占位符的值初始化为一个字典，该字典中包含两个元素，分别用于设置 *x* 轴和 *y* 轴的参数。第一个元素的 key 是 xAxis，对应的 value 是一个字典。该字典中只包含一个元素，对应的 key 和 value 分别是 axisTick 和 20，用于设置 x 轴上的刻度数量。在 options 对应的字典中，第二个元素的 key 是 yAxis，对应的 value 是一个由两个元素组成的字典，分别用于设置 *y* 轴的最大值和刻度数量。其中，两个元素的 key 分别是 max 和 axisTick，对应的 value 都是 1。

在 data 中将 datasets 占位符的值初始化为一个字典的数组，该数组中只包含一个字典。该字典中只包含一个元素，元素的 key 是 data，对应的 value 是一个空数组[]，用于指定今日活动分布图中的数据。

在页面的生命周期事件函数 onInit()中，在随机生成 20 个整数（0 和 1）之后将所有整数组成的数组赋值给 data 中的 datasets[0].data。

上述讲解如代码清单 3-116 所示。

代码清单 3-116　report3.js

```
import router from '@system.router'

export default {
    data: {
        timeRange: ["07:00", "12:00", "17:00", "22:00"],
        activityData: [
            ......
        ],
        options: {
            xAxis: {
                axisTick: 20
            },
            yAxis: {
                max: 1,
                axisTick: 1,
            }
        },
        datasets: [
            {
                data: []
            },
        ]
    },
    onInit() {
        let activities = [];
        for (let i = 0; i < 20; i++) {
            activities.push(this.getRandomZeroOrOne());
        }
        this.datasets[0].data = activities;
        this.countActivityPercent(activities);
    },
    ......
}
```

保存所有代码后打开 Previewer，在今日活动分布页面中显示出了活动对应的柱状图。运行效果如图 3-108 所示。

接下来实现的功能是，在今日活动分布页面中同时显示活动和静止对应的柱状图。运行效果如图 3-109 所示。

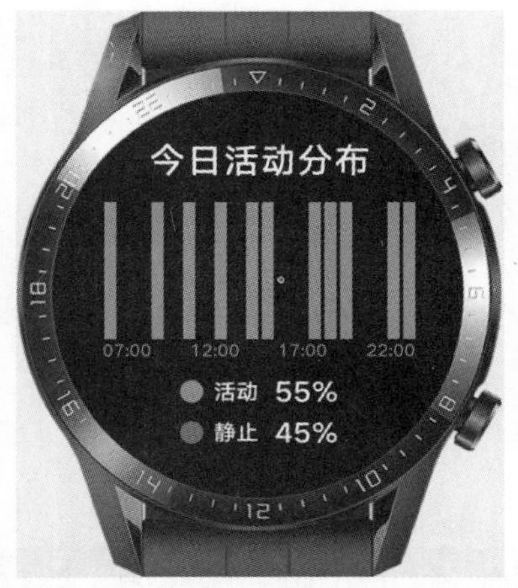

图 3-108　显示活动柱状图的今日活动分布页面

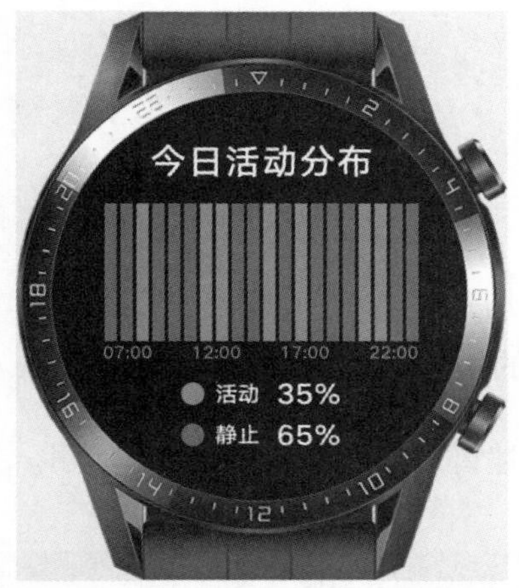

图 3-109　显示活动和静止柱状图的今日活动分布页面

打开 report3.hml 文件。

在 chart 组件的外面嵌套一个 stack 组件，这样其中的子组件会按照顺序依次入栈，从而后一个入栈的子组件会堆叠在前一个入栈的子组件的上面。将 stack 组件的 class 属性的值设置为“stack”。

把 chart 组件复制一份，粘贴在 stack 组件的内部。对于粘贴之后的副本，将其 datasets 属性的值修改为“{{datasetsStatic}}”。

上述讲解如代码清单 3-117 所示。

代码清单 3-117　report3.hml

```
<div class="container" onswipe="toNextPage">
    <div class="title-container">
        <text class="title">
            今日活动分布
        </text>
    </div>
    <stack class="stack">
        <chart class="chart-container" type="bar" options="{{options}}" datasets="{{datasetsStatic}}"/>
        <chart class="chart-container" type="bar" options="{{options}}" datasets="{{datasets}}"/>
    </stack>
    <div class="time-container">
        <text class="time" for="{{timeRange}}">
            {{$item}}
        </text>
```

```
    </div>
    ......
</div>
```

打开 report3.css 文件。

添加一个名为 stack 的类选择器，以设置 report3.hml 中 stack 组件的样式。将 width 和 height 的值分别设置为 340px 和 150px。

上述讲解如代码清单 3-118 所示。

代码清单 3-118　report3.css

```
......
.title {
    margin-top: 40px;
    font-size: 38px;
}
.stack {
    width: 340px;
    height: 150px;
}
.chart-container {
    width: 340px;
    height: 150px;
}
......
```

打开 report3.js 文件。

在 data 中将 datasets 与其初始值复制一份并粘贴在其上面。对于粘贴之后的副本，将占位符的名称修改为 datasetsStatic，并在其对应数组的第一个字典中添加一个元素，该元素的 key 和 value 分别是 fillColor 和“#696969”，以设置静止柱状图的填充颜色。

在页面的生命周期事件函数 onInit()中，创建一个空数组并赋值给变量 activitiesStatic。在 for 循环中，首先将生成的随机整数赋值给变量 rand，然后将 rand 添加到 activities 数组中，最后对 rand 进行转换后将其添加到数组 activitiesStatic 中。其中，转换的规则为 Math.abs(rand - 1)。这样，如果 rand 为 0，就将其转换为 1；如果 rand 为 1，就将其转换为 0。在 for 循环结束后，将 activitiesStatic 赋值给 data 中的 datasetsStatic[0].data。

上述讲解如代码清单 3-119 所示。

代码清单 3-119 report3.js

```
import router from '@system.router'

export default {
    data: {
        ......
        options: {
            ......
        },
        datasetsStatic: [
            {
                fillColor:"#696969",
                data: []
            }
        ],
        datasets: [
            {
                data: []
            },
        ]
    },
    onInit() {
        let activities = [];
        let activitiesStatic = [];
        for (let i = 0; i < 20; i++) {
            let rand = this.getRandomZeroOrOne();
            activities.push(rand);
            activitiesStatic.push(Math.abs(rand - 1));
        }
        this.datasets[0].data = activities;
        this.datasetsStatic[0].data = activitiesStatic;
        this.countActivityPercent(activities);
    },
    ......
}
```

保存所有代码后打开 Previewer，在今日活动分布页面中显示出了绘制的今日活动分布图。运行效果如图 3-110 所示。

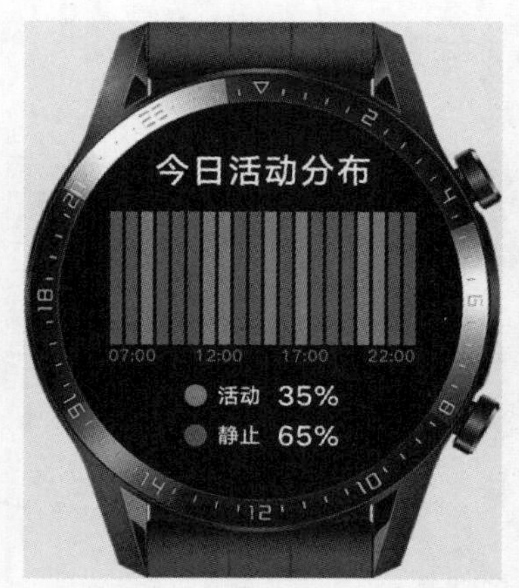

图 3-110　显示今日活动分布图的今日活动分布页面

3.28　任务 28：添加第 4 个训练报告页面并响应滑动事件

3.28.1　运行效果

该任务实现的运行效果是这样的：在 App 启动后首先显示的是主页面，但是主页面一闪而过，接着显示的是第 4 个训练报告页面。运行效果如图 3-111 所示。

图 3-111　第 4 个训练报告页面

当在第 4 个训练报告页面中向左滑动时，首先显示的是主页面，但是主页面一闪而过，接着显示的是第 4 个训练报告页面。当在第 4 个训练报告页面中向下滑动时，显示的是今日活动分布页面。当在今日活动分布页面中向上滑动时，显示的是第 4 个训练报告页面。

3.28.2 实现思路

在主页面的生命周期事件函数 onInit()中跳转到某个页面，从而间接地将该页面设置为 App 在启动后显示的第 1 个页面。在页面的最外层 div 组件中添加 onswipe 属性，从而在页面触发滑动事件时自动调用指定的自定义函数。

3.28.3 代码详解

在项目的 pages 子目录上单击右键，在弹出的菜单中选中 New，然后在弹出的子菜单中单击 JS Page，以新建一个名为 report4 的 JS 页面。该页面将被作为第 4 个训练报告页面。

打开 report4.hml 文件。

将 text 组件中显示的文本修改为“第 4 个训练报告页面”。

上述讲解如代码清单 3-120 所示。

代码清单 3-120 report4.hml

```
<div class="container">
    <text class="title">
        第 4 个训练报告页面
    </text>
</div>
```

打开 report4.js 文件。

因为在 report4.hml 中没有使用 title 占位符，所以在 report4.js 中删除 title 及其动态数据绑定的值'World'。

上述讲解如代码清单 3-121 所示。

代码清单 3-121 report4.js

```
export default {
    data: {
```

```
        title: 'World'
    }
}
```

打开 report4.css 文件。

将 title 类选择器中 width 的值修改为 454px，以让 text 组件中的文本“第 4 个训练报告页面”能够在一行内显示。

上述讲解如代码清单 3-122 所示。

代码清单 3-122　report4.css

```
......
.title {
    font-size: 30px;
    text-align: center;
    width: 454px;
    height: 100px;
}
```

打开 report4.js 文件。

添加一个名为 toNextPage 的自定义函数，并定义一个名为 e 的形参。在函数体中通过 e.direction 的值判断滑动的方向。如果 e.direction 等于字符串“left”，那就跳转到主页面；如果 e.direction 等于字符串“down”，那就跳转到今日活动分布页面。

从'@system.router'中导入 router。

上述讲解如代码清单 3-123 所示。

代码清单 3-123　report4.js

```
import router from '@system.router'

export default {
    data: {

    },
    toNextPage(e) {
        switch(e.direction) {
            case 'left':
```

```
                router.replace({
                    uri: 'pages/index/index'
                });
                break;
            case 'down':
                router.replace({
                    uri: 'pages/report3/report3'
                });
        }
    }
}
```

打开 report4.hml 文件。

在最外层的 div 组件中将 onswipe 属性的值设置为自定义的函数名 toNextPage。这样，当用户在第 4 个训练报告页面中用手指滑动时，就会触发页面的 onswipe 事件从而自动调用自定义函数 toNextPage。

上述讲解如代码清单 3-124 所示。

代码清单 3-124 report4.hml

```
<div class="container" onswipe="toNextPage">
    <text class="title">
        第 4 个训练报告页面
    </text>
</div>
```

打开 report3.js 文件。

在 toNextPage()函数中添加一个 case 分支：如果 e.direction 等于字符串“up”，那就跳转到第 4 个训练报告页面。

上述讲解如代码清单 3-125 所示。

代码清单 3-125 report3.js

```
import router from '@system.router'

export default {
    ......
    toNextPage(e) {
        switch(e.direction) {
```

```
            case 'left':
                router.replace({
                    uri: 'pages/index/index'
                });
                break;
            case 'up':
                router.replace({
                    uri: 'pages/report4/report4'
                });
                break;
            case 'down':
                router.replace({
                    uri: 'pages/report2/report2'
                });
        }
    }
}
```

打开 index.js 文件。

为了方便测试，我们在主页面的生命周期事件函数 onInit()中跳转到第 4 个训练报告页面。这样，在 App 启动后我们看到的第 1 个页面就是第 4 个训练报告页面。

上述讲解如代码清单 3-126 所示。

代码清单 3-126　index.js

```
......
    onInit() {
        console.log("主页面的 onInit()正在被调用");

        router.replace({
            uri: 'pages/report4/report4'
        });
    },
......
```

保存所有代码后打开 Previewer，首先显示的是主页面，但是主页面一闪而过，接着显示的是第 4 个训练报告页面。运行效果如图 3-112 所示。

当在第 4 个训练报告页面中向左滑动时，首先显示的是主页面，但是主页面一闪而过，接着显示的是第 4 个训练报告页面。当在第 4 个训练报告页面中向下滑动时，显示的是今日活动分布页面。当在今日活动分布页面中向上滑动时，显示的是第 4 个训练报告页面。

图 3-112　第 4 个训练报告页面

3.29　任务 29：在第 4 个训练报告页面中显示除压力分布图之外的所有内容

3.29.1　运行效果

该任务实现的运行效果是这样的：在第 4 个训练报告页面（后面都称之为压力分布页面）显示页面标题、一天内的几个时间点、压力最大值及其图标、压力最小值及其图标。运行效果如图 3-113 所示。

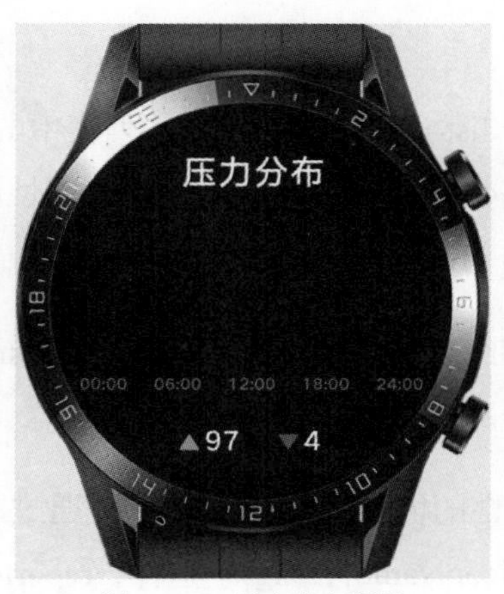

图 3-113　压力分布页面

3.29.2 实现思路

在页面的生命周期事件函数 onInit()中，随机生成若干个指定范围内的整数，以作为所有的压力数据。根据随机生成的整数统计所有压力的最大值和最小值，并通过动态数据绑定的方式将其显示在页面中。

3.29.3 代码详解

打开 report4.hml 文件。

将 text 组件中显示的页面标题修改为“压力分布”，并在其外层嵌套一个 div 组件，以便对其样式进行设置。将该 div 组件的 class 属性的值设置为“title-container”。

在页面标题的下方添加一个 canvas 组件，以显示压力分布图，并将 class 属性的值设置为“canvas”。

在 canvas 组件的下方添加一个 div 组件，以显示一天中的几个时间点，并将 class 属性的值设置为“time-container”。在该 div 组件的内部嵌套一个 text 组件，将其 class 属性的值设置为“time”。通过动态数据绑定的方式指定 for 属性的值为“{{timeRange}}”，从而对 report4.js 中 data 里面的 timeRange 进行迭代。通过动态数据绑定的方式将 text 组件中显示的文本指定为“{{$item}}”。

在时间点的下方添加一个 list 组件，以显示压力的最大值、最小值及其图标，并将 class 属性的值设置为“list”。

在组件 list 的内部嵌套一个 list-item 组件，以显示列表中的每个列表项，并将 class 属性的值设置为“list-item”。通过动态数据绑定的方式指定 for 属性的值为“{{maxmin}}”，从而对 report4.js 中 data 里面的 maxmin 进行迭代。

每个列表项都由一张图片和一个文本组成，因此在 list-item 组件中添加一个 image 组件和一个 text 组件。

在 image 组件中将 class 属性的值设置为“icon”，并通过动态数据绑定的方式将 src 属性的值设置为“/common/{{$item.iconName}}.png”。这样，report4.js 中 data 里面的 maxmin 可以

是一个字典的数组，数组中的每个字典都包含一个 key 为 iconName 的元素。

在 text 组件中将 class 属性的值设置为“maxmin”，并通过动态数据绑定的方式将显示的文本设置为“{{$item.mValue}}”。这样，对于 report4.js 中 data 里面的数组 maxmin，其中的每个字典都包含一个 key 为 mValue 的元素。

上述讲解如代码清单 3-127 所示。

代码清单 3-127　report4.hml

```
<div class="container" onswipe="toNextPage">
    <div class="title-container">
        <text class="title">
            压力分布
        </text>
    </div>
    <canvas class="canvas">
    </canvas>
    <div class="time-container">
        <text class="time" for="{{timeRange}}">
            {{$item}}
        </text>
    </div>
    <list class="list">
        <list-item class="list-item" for="{{maxmin}}">
            <image class="icon" src="/common/{{$item.iconName}}.png"/>
            <text class="maxmin">
                {{$item.mValue}}
            </text>
        </list-item>
    </list>
</div>
```

打开 report4.css 文件。

在 container 类选择器中删除 display、left 和 top 样式。将 flex-direction 的值设置为 column，以在竖直方向上排列容器内的所有组件。将 justify-content 的值修改为 flex-start，以让容器内的所有组件在主轴上向上对齐。

在 title 类选择器中删除 text-align、width 和 height 样式。将 font-size 的值修改为 38px。将 margin-top 的值设置为 40px，以让页面标题与页面的上边缘保持一定的间距。

添加一个名为 title-container 的类选择器，以设置页面标题的样式。将 justify-content 和 align-items 都设置为 center，以让容器内的组件在水平方向和竖直方向都居中对齐。将 width 和 height 的值分别设置为 300px 和 130px。

添加一个名为 canvas 的类选择器，以设置压力分布图的样式。将 width 和 height 的值分别设置为 383px 和 180px。在压力分布图中，总共需要绘制 48 根柱子。其中，每根柱子的宽度是 7px，相邻两根柱子之间的间距是 1px。因此，压力分布图的宽度= 48 × (7px + 1px) – 1px = 383px。

添加一个名为 time-container 的类选择器，以设置时间点的样式。将 width 和 height 的值分别设置为 383px 和 25px。将 justify-content 的值设置为 space-between，以让容器内的组件在水平方向都两端对齐。将 align-items 的值设置为 center，以让容器内的组件在竖直方向都居中对齐。

添加一个名为 time 的类选择器，以设置时间点文本的样式。将 font-size 的值设置为 18px，将 color 的值设置为 gray，并将 letter-spacing 的值设置为 0px。

添加一个名为 list 的类选择器，以设置列表的样式。将 flex-direction 的值设置为 row，以在水平方向上排列所有列表项。将 width 和 height 的值分别设置为 200px 和 45px。将 margin-top 的值设置为 30px，以让列表与其上面的时间点保持一定的间距。

添加一个名为 list-item 的类选择器，以设置列表项的样式。将 justify-content 和 align-items 都设置为 center，以让列表项内的组件在水平方向和竖直方向都居中对齐。将 width 和 height 的值分别设置为 100px 和 45px。

添加一个名为 icon 的类选择器，以设置压力的最大值图标和最小值图标的样式。将 width 和 height 的值都设置为 32px。

添加一个名为 maxmin 的类选择器，以设置压力的最大值文本和最小值文本的样式。将 font-size 的值设置为 30px。将 letter-spacing 的值设置为 0px，以让数字之间的间距更紧凑。

上述讲解如代码清单 3-128 所示。

代码清单 3-128　report4.css

```
.container {
    display: flex;
    flex-direction: column;
```

```
    justify-content: flex-start;
    align-items: center;
    left: 0px;
    top: 0px;
    width: 454px;
    height: 454px;
}
.title-container {
    justify-content: center;
    align-items: center;
    width: 300px;
    height: 130px;
}
.title {
    margin-top: 40px;
    font-size: 38px;
    text-align: center;
    width: 454px;
    height: 100px;
}
.canvas {
    width: 383px;
    height: 180px;
}
.time-container {
    width: 383px;
    height: 25px;
    justify-content: space-between;
    align-items: center;
}
.time {
    font-size: 18px;
    color: gray;
    letter-spacing: 0px;
}
.list {
    flex-direction: row;
    width: 200px;
    height: 45px;
margin-top: 30px;
}
.list-item {
    justify-content: center;
    align-items: center;
    width: 100px;
    height: 45px;
}
```

```
.icon {
    width: 32px;
    height: 32px;
}
.maxmin {
    font-size: 30px;
    letter-spacing: 0px;
}
```

根据压力值将压力分为 4 种等级：焦虑、紧张、正常、放松，分别用 4 种颜色来表示：橙、黄、青、蓝。压力最大值的图标用一个三角形来表示，压力最小值的图标用一个倒三角形来表示。压力最大值和压力最小值都可能是 4 种等级中的其中一种，因此，要为压力最大值分别准备 4 张不同颜色的三角形图标，同时为压力最小值准备 4 张不同颜色的倒三角形图标。

把压力最大值的 4 张图标 max-orange.png、max-yellow、max-cyan、max-blue 添加到 common 目录中。把压力最小值的 4 张图标 min-orange.png、min-yellow、min-cyan、min-blue 也添加到 common 目录中。

打开 report4.js 文件。

在 data 中将 timeRange 占位符初始化为一个数组，该数组中的元素分别为“00:00”“06:00”“12:00”“18:00”“24:00”。

在 data 中将 maxmin 占位符初始化为一个字典数组。该数组中包含两个字典，分别表示压力最大值和压力最小值的相关信息。每个字典中都有两个元素，对应的 key 都是 iconName 和 mValue，分别表示压力最值的图标名称和压力最值。对于第一个字典，将压力最大值的图标名称 iconName 初始化为""，并将压力最大值初始化为 0。对于第二个字典，将压力最小值的图标名称 iconName 初始化为""，并将压力最小值初始化为 0。

上述讲解如代码清单 3-129 所示。

代码清单 3-129　report4.js

```
import router from '@system.router'

export default {
    data: {
        timeRange: ["00:00", "06:00", "12:00", "18:00", "24:00"],
        maxmin: [{
                    iconName: "",
```

```
                    mValue: 0
                },
                {
                    iconName: "",
                    mValue: 0
                }]
    },
    toNextPage(e) {
        ......
    }
}
```

将 report1.js 中自定义的名为 getRandomInt 的函数复制过来，该函数用于随机生成一个介于 min 和 max 之间（包含 min 和 max）的整数。

创建一个空数组并赋值给全局作用域变量 pressures。

在页面的生命周期事件函数 onInit()里通过 for 循环执行 48 次迭代。在每一次迭代中，调用自定义函数 getRandomInt()随机生成一个介于 1 和 99 之间的整数，并调用 push()函数将随机生成的整数添加到数组 pressures 中。

分别调用 Math.max.apply()和 Math.min.apply()计算数组 pressures 中的最大值和最小值，然后分别赋值给 data 中的 maxmin[0].mValue 和 maxmin[1].mValue。

定义一个名为 getColorNameByValue 的函数，其形参为 value，该函数用于返回指定的压力值对应的颜色名称。

在函数 onInit()的最后，调用自定义函数 getColorNameByValue ()，分别将压力最大值和压力最小值作为实参传递给形参 value，将返回的颜色名称分别添加前缀“max-”和“min-”，然后分别赋值给 data 中的 maxmin[0].iconName 和 maxmin[1].iconName。

上述讲解如代码清单 3-130 所示。

代码清单 3-130　report4.js

```
import router from '@system.router'

var pressures = [];

export default {
    data: {
        ......
```

```
    },
    onInit() {
        for (let i = 0; i < 48; i++) {
            pressures.push(this.getRandomInt(1, 99));
        }

        this.maxmin[0].mValue = Math.max.apply(null, pressures);
        this.maxmin[1].mValue = Math.min.apply(null, pressures);

        this.maxmin[0].iconName = "max-" + this.getColorNameByValue(this.maxmin[0].mValue);
        this.maxmin[1].iconName = "min-" + this.getColorNameByValue(this.maxmin[1].mValue);
    },
    getRandomInt(min, max) {
        return Math.floor(Math.random() * (max - min + 1) ) + min;
    },
    getColorNameByValue(value) {
        if (value >= 80 && value <= 99) {
            return "orange";
        } else if (value >= 60 && value <= 79) {
            return "yellow";
        } else if (value >= 30 && value <= 59) {
            return "cyan";
        } else if (value >= 1 && value <= 29) {
            return "blue";
        }
    },
    toNextPage(e) {
        ......
    }
}
```

保存所有代码后打开 Previewer，在压力分布页面中显示出了页面标题、一天内的几个时间点、压力最大值及其图标、压力最小值及其图标。运行效果如图 3-114 所示。

图 3-114　压力分布页面

3.30　任务 30：在压力分布页面中显示绘制的压力分布图

3.30.1　运行效果

该任务实现的运行效果是这样的：在压力分布页面中显示绘制的压力分布图。运行效果如图 3-115 所示。

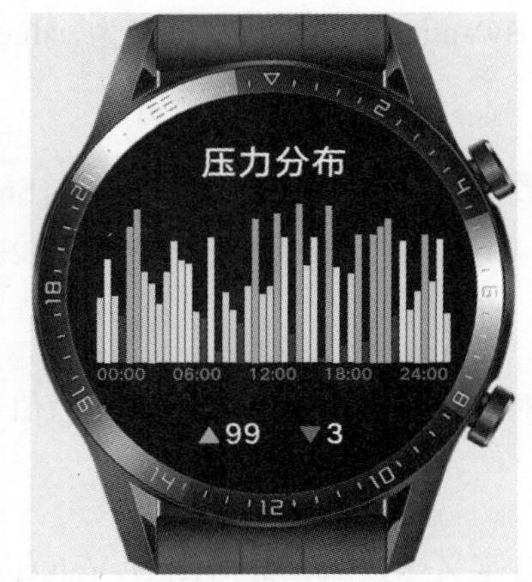

图 3-115　显示压力分布图的压力分布页面

3.30.2　实现思路

通过 canvas 组件中的 ref 属性获得其对应的对象实例，并调用 getContext('2d')函数获得 2D 绘制引擎。在遍历所有压力数据的过程中调用 fillRect()函数对压力分布图中的柱子逐一进行绘制。

3.30.3　代码详解

打开 report4.hml 文件。

在 canvas 组件中将 ref 属性的值设置为“canvas”，以便能够在 report4.js 中通过引用获得 canvas 组件的对象实例。

上述讲解如代码清单 3-131 所示。

代码清单 3-131 report4.hml

```
<div class="container" onswipe="toNextPage">
    ......
    <canvas class="canvas" ref="canvas">
    </canvas>
    ......
</div>
```

打开 report4.js 文件。

定义一个名为 getColorHexByValue 的函数，其形参为 value，该函数用于返回指定的压力值对应的颜色十六进制值。

在页面的生命周期事件函数 onShow()中，通过引用 this.$refs.canvas 获得 report4.hml 中 canvas 组件的对象实例，然后调用 getContext('2d')函数获得 2D 绘图引擎，将其赋值给变量 context。

接下来调用 forEach()函数对 pressures 数组中的所有压力值进行遍历，其中 element 表示在遍历过程中数组的当前元素。

在遍历的过程中首先调用自定义函数 getColorHexByValue()获取当前的压力值对应的颜色十六进制值，并将该值赋值给 context 的属性 fillStyle。这样，就把当前压力值对应的颜色作为当前柱子的颜色。

绘制柱子要调用 context 的 fillRect()函数。在调用 fillRect()函数时需要传入某根柱子的左上角的 x 坐标和 y 坐标，以及该柱子的高度和宽度。以其中一根柱子为例，其在 canvas 组件中对应的坐标系如图 3-116 所示。canvas 组件对应灰色的大矩形，要绘制的柱子对应蓝色的小矩形，柱子的左上顶点的 x 坐标和 y 坐标分别是 leftTopX 和 leftTopY。

对于要绘制的 48 根柱子，每根柱子的宽度是 7px，相邻两根柱子之间的间距是 1px，因此，从左到右所有柱子的 leftTopX 从 0 开始依次递增 8。在 report4.css 中将 canvas 组件的 height 设置为了 180px，而所有压力值的最大值为 100，因此在绘制每根柱子时其高度都根据压力值等比例地扩大 1.8 倍，也就是 element × 1.8。每根柱子的 leftTopY 等于 canvas 组件的高度（180）减去柱子的高度 element × 1.8。

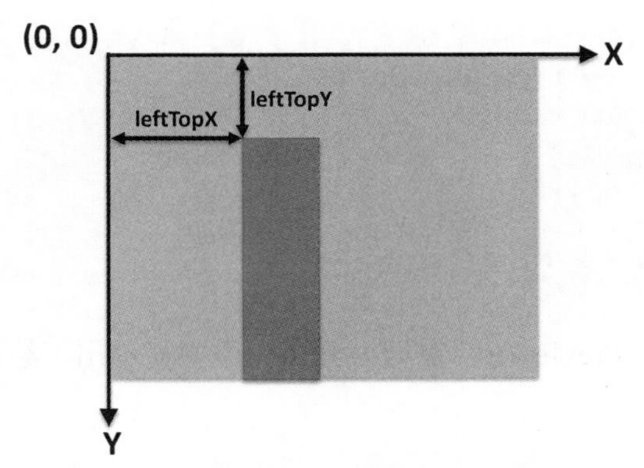

图 3-116 绘制的柱子在 canvas 组件中对应的坐标系

上述讲解如代码清单 3-132 所示。

代码清单 3-132 report4.js

```
......
export default {
    ......
    getColorNameByValue(value) {
        ......
    },
    onShow() {
        var context = this.$refs.canvas.getContext('2d');

        let leftTopX = 0;
        pressures.forEach(element => {
            context.fillStyle = this.getColorHexByValue(element);

            let leftTopY = 180 - element * 1.8;
            let width = 7;
            let height = element * 1.8;

            context.fillRect(leftTopX, leftTopY, height, width);

            leftTopX += 8;
        });
    },
    getColorHexByValue(value) {
        if (value >= 80 && value <= 99) {
            return "#ffa500";
        } else if (value >= 60 && value <= 79) {
            return "#ffff00";
        } else if (value >= 30 && value <= 59) {
```

```
            return "#00ffff";
        } else if (value >= 1 && value <= 29) {
            return "#0000ff";
        }
    },
    ......
}
```

保存所有代码后打开 Previewer，在压力分布页面中显示出了绘制的压力分布图。运行效果如图 3-117 所示。

图 3-117　显示压力分布图的压力分布页面

3.31　任务 31：添加第 5 个训练报告页面并响应滑动事件

3.31.1　运行效果

该任务实现的运行效果是这样的：在 App 启动后首先显示的是主页面，但是主页面一闪而过，接着显示的是第 5 个训练报告页面。运行效果如图 3-118 所示。

当在第 5 个训练报告页面中向左滑动时，首先显示的是主页面，但是主页面一闪而过，接着显示的是第 5 个训练报告页面。当在第 5 个训练报告页面中向下滑动时，显示的是压力分布页面。当在压力分布页面中向上滑动时，显示的是第 5 个训练报告页面。

图 3-118 第 5 个训练报告页面

3.31.2 实现思路

在主页面的生命周期事件函数 onInit()中跳转到某个页面，从而间接地将该页面设置为 App 在启动后显示的第 1 个页面。在页面的最外层 div 组件中添加 onswipe 属性，从而在页面触发滑动事件时自动调用指定的自定义函数。

3.31.3 代码详解

在项目的 pages 子目录上单击右键，在弹出的菜单中选中 New，然后在弹出的子菜单中单击 JS Page，以新建一个名为 report5 的 JS 页面。该页面将被作为第 5 个训练报告页面。

打开 report5.hml 文件。

将 text 组件中显示的文本修改为“第 5 个训练报告页面”。

上述讲解如代码清单 3-133 所示。

代码清单 3-133 report5.hml

```
<div class="container">
    <text class="title">
        第 5 个训练报告页面
    </text>
</div>
```

打开 report5.js 文件。

因为在 report5.hml 中没有使用 title 占位符，所以在 report5.js 中删除 title 及其动态数据绑定的值'World'。

上述讲解如代码清单 3-134 所示。

代码清单 3-134　report5.js

```
export default {
    data: {
        title: 'World'
    }
}
```

打开 report5.css 文件。

将 title 类选择器中 width 的值修改为 454px，以让 text 组件中的文本“第 5 个训练报告页面”能够在一行内显示。

上述讲解如代码清单 3-135 所示。

代码清单 3-135　report5.css

```
......
.title {
    font-size: 30px;
    text-align: center;
    width: 454px;
    height: 100px;
}
```

打开 report5.js 文件。

添加一个名为 toNextPage 的自定义函数，并定义一个名为 e 的形参。在函数体中通过 e.direction 的值判断滑动的方向。如果 e.direction 等于字符串“left”，那就跳转到主页面；如果 e.direction 等于字符串“down”，那就跳转到压力分布页面。

从'@system.router'中导入 router。

上述讲解如代码清单 3-136 所示。

代码清单 3-136 report5.js

```
import router from '@system.router'

export default {
    data: {

    },
    toNextPage(e) {
        switch(e.direction) {
            case 'left':
                router.replace({
                    uri: 'pages/index/index'
                });
                break;
            case 'down':
                router.replace({
                    uri: 'pages/report4/report4'
                });
        }
    }
}
```

打开 report5.hml 文件。

在最外层的 div 组件中将 onswipe 属性的值设置为自定义的函数名 toNextPage。这样，当用户在第 5 个训练报告页面中用手指滑动时，就会触发页面的 onswipe 事件从而自动调用自定义的函数 toNextPage。

上述讲解如代码清单 3-137 所示。

代码清单 3-137 report5.hml

```
<div class="container" onswipe="toNextPage">
    <text class="title">
        第 5 个训练报告页面
    </text>
</div>
```

打开 report4.js 文件。

在 toNextPage()函数中添加一个 case 分支：如果 e.direction 等于字符串“up”，那就跳转到第 5 个训练报告页面。

上述讲解如代码清单 3-138 所示。

代码清单 3-138　report4.js

```
import router from '@system.router'

export default {
    ......
    toNextPage(e) {
        switch(e.direction) {
            case 'left':
                router.replace({
                    uri: 'pages/index/index'
                });
                break;
            case 'up':
                router.replace({
                    uri: 'pages/report5/report5'
                });
                break;
            case 'down':
                router.replace({
                    uri: 'pages/report3/report3'
                });
        }
    }
}
```

打开 index.js 文件。

为了方便测试，我们在主页面的生命周期事件函数 onInit()中跳转到第 5 个训练报告页面。这样，在 App 启动后我们看到的第 1 个页面就是第 5 个训练报告页面。

上述讲解如代码清单 3-139 所示。

代码清单 3-139　index.js

```
......
    onInit() {
        console.log("主页面的 onInit()正在被调用");

        router.replace({
            uri: 'pages/report5/report5'
```

```
        });
    },
......
```

保存所有代码后打开 Previewer，首先显示的是主页面，但是主页面一闪而过，接着显示的是第 5 个训练报告页面。运行效果如图 3-119 所示。

图 3-119　第 5 个训练报告页面

当在第 5 个训练报告页面中向左滑动时，首先显示的是主页面，但是主页面一闪而过，接着显示的是第 5 个训练报告页面。当在第 5 个训练报告页面中向下滑动时，显示的是压力分布页面。当在压力分布页面中向上滑动时，显示的是第 5 个训练报告页面。

3.32　任务 32：在第 5 个训练报告页面中显示除弧形和星号之外的所有内容

3.32.1　运行效果

该任务实现的运行效果是这样的：在第 5 个训练报告页面（后面都称之为最大摄氧量页面）显示页面标题、最大摄氧量及其单位、摄氧量等级水平。运行效果如图 3-120 所示。

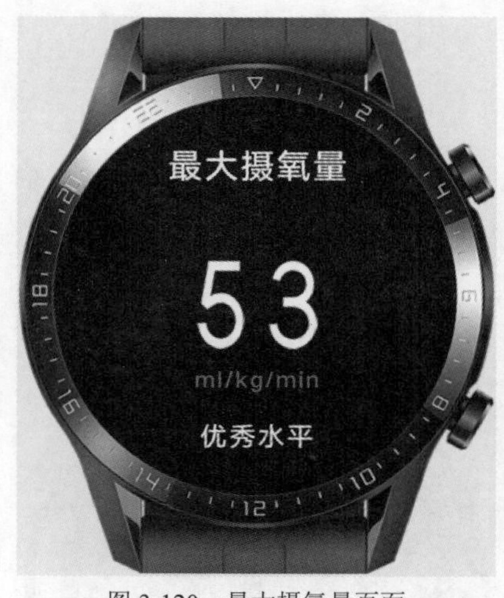

图 3-120　最大摄氧量页面

3.32.2　实现思路

通过数值对应的图片来显示具有较大字体的最大摄氧量数值。在 image 组件中通过 if 属性的布尔值来判断是否要显示该组件。

3.32.3　代码详解

打开 report5.hml 文件。

将 text 组件中显示的页面标题修改为“最大摄氧量”，并在其外层嵌套一个 div 组件，以便对其样式进行设置。将该 div 组件的 class 属性的值设置为“title-container”。

在页面标题的下方添加一个 div 组件，将其 class 属性的值设置为“number-container”。在该 div 组件的内部嵌套两个 image 组件，以显示最大摄氧量的数值对应的图片。将两个 image 组件的 class 属性的值都设置为“number-icon”，并通过动态数据绑定的方式将 src 属性的值分别设置为“/common/{{first}}.png”和“/common/{{second}}.png”，以指定两张图片在项目中的路径。当最大摄氧量小于 10 时，只需要显示第二个组件 image 中的数值图片，因此在第一个 image 组件中通过动态数据绑定的方式将 if 属性的值设置为“{{isShow}}”。这样，在 report5.js 中就可以通过 isShow 占位符的值到底是 true 还是 false，来决定是否显示第一个 image 组件。

在最大摄氧量的下方添加一个 text 组件，以显示最大摄氧量的单位。将 class 属性的值设置为“unit”。将 text 组件中显示的文本设置为 ml/kg/min。

在最大摄氧量的单位下方添加一个 text 组件，以显示等级水平。将 class 属性的值设置为“level”。通过动态数据绑定的方式将 text 组件中显示的文本设置为“{{level}}水平”。

上述讲解如代码清单 3-140 所示。

代码清单 3-140 report5.hml

```
<div class="container" onswipe="toNextPage">
    <div class="title-container">
        <text class="title">
            最大摄氧量
        </text>
    </div>
    <div class="number-container">
        <image if="{{isShow}}" class="number-icon" src="/common/{{first}}.png"/>
        <image class="number-icon" src="/common/{{second}}.png"/>
    </div>
    <text class="unit">
        ml/kg/min
    </text>
    <text class="level">
        {{level}}水平
    </text>
</div>
```

注意：不能将 image 组件中的 if 属性换成 show 属性，否则，当占位符{{isShow}}的值为 false 从而不显示第 1 个组件 image 时，第 2 个组件 image 并不会在容器中居中。这是因为当 if 属性的值为 false 时，其对应的组件不会占用页面中的空间；当 show 属性为 false 时，其对应的组件会占用页面中的空间。

打开 report5.css 文件。

在 container 类选择器中删除 display、left 和 top 样式。将 flex-direction 的值设置为 column，以在竖直方向上排列容器内的所有组件。将 justify-content 的值修改为 flex-start，以让容器内的所有组件在主轴上向上对齐。

在 title 类选择器中删除 text-align、width 和 height 样式。将 font-size 的值修改为 38px。将

margin-top 的值设置为 40px，以让页面标题与页面的上边缘保持一定的间距。

添加一个名为 title-container 的类选择器，以设置页面标题的样式。将 justify-content 和 align-items 都设置为 center，以让容器内的组件在水平方向和竖直方向都居中对齐。将 width 和 height 的值分别设置为 300px 和 130px。

添加一个名为 number-container 的类选择器，以设置最大摄氧量的样式。将 width 和 height 的值分别设置为 160px 和 180px。将 justify-content 和 align-items 的值都设置为 center，以让容器内的组件在水平方向和竖直方向都居中对齐。

添加一个名为 number-icon 的类选择器，以设置最大摄氧量的数值对应图片的样式。将 width 和 height 的值分别设置为 80px 和 100px。将 margin-top 的值设置为 40px，以让图片与其上面的页面标题保持一定的间距。

添加一个名为 unit 的类选择器，以设置最大摄氧量单位的样式。将 width 和 height 的值分别设置为 200px 和 30px。将 color 的值设置为 gray，以将文本的颜色显示为灰色。将 text-align 的值设置为 center，以让显示的文本居中对齐。将 font-size 的值设置为 24px。

添加一个名为 level 的类选择器，以设置等级水平的样式。将 width 和 height 的值分别设置为 200px 和 40px。将 text-align 的值设置为 center，以让显示的文本居中对齐。将 margin-top 的值设置为 30px，以让等级水平与其上面的最大摄氧量单位保持一定的间距。

上述讲解如代码清单 3-141 所示。

代码清单 3-141　report5.css

```
.container {
    display: flex;
    flex-direction: column;
    justify-content: flex-start;
    align-items: center;
    left: 0px;
    top: 0px;
    width: 454px;
    height: 454px;
}
.title-container {
    justify-content: center;
    align-items: center;
    width: 300px;
```

```
    height: 130px;
}
.title {
    margin-top: 40px;
    font-size: 38px;
    text-align: center;
    width: 454px;
    height: 100px;
}
.number-container {
    width: 160px;
    height: 180px;
    justify-content: center;
    align-items: center;
}
.number-icon {
    width: 80px;
    height: 100px;
    margin-top: 40px;
}
.unit {
    width: 200px;
    height: 30px;
    color: gray;
    text-align: center;
    font-size: 24px;
}
.level {
    width: 200px;
    height: 40px;
    text-align: center;
    margin-top: 30px;
}
```

因为要显示的最大摄氧量数值的字体比较大，所以我们用图片来显示对应的数值。把 0 ~ 9 对应的 10 张图片添加到 common 目录中，它们分别是 num-0.png、num-1.png、num-2.png、num-3.png、num-4.png、num-5.png、num-6.png、num-7.png、num-8.png、num-9.png。

打开 report5.js 文件。

在 data 中将 isShow 占位符初始化为 true，将 first、second 和 level 占位符都初始化为""。

将 report1.js 中自定义的名为 getRandomInt 的函数复制过来，该函数用于随机生成一个介于 min 和 max 之间（包含 min 和 max）的整数。

在页面的生命周期事件函数 onInit()中，调用自定义函数 getRandomInt()随机生成一个介于 1 和 70 之间的整数，将其赋值给变量 vo2max。将随机生成的整数转换为字符串，并赋值给变量 vo2max_str。对于转换后得到的字符串，如果其长度为 2，那么将其第 1 个字符和第 2 个字符都添加前缀“num-”，之后再分别赋值给 data 中的 first 和 second；如果其长度为 1，那么将其添加前缀“num-”之后赋值给 data 中的 second，然后将 data 中的 isShow 设置为 false，这样，就不会显示 report5.hml 中的第 1 个 image 组件了。

定义一个名为 getLevelByValue 的函数，其形参为 value，该函数用于返回最大摄氧量对应的等级。在函数体中，定义一个由 7 个元素组成的数组，这些元素分别表示最大摄氧量的 7 个等级。等级“超低”对应的区间是[1, 10]；等级“低”对应的区间是[11, 20]；等级“较低”对应的区间是[21, 30]；等级“一般”对应的区间是[31, 40]；等级“高”对应的区间是[41, 50]；等级“优秀”对应的区间是[51, 60]；等级“卓越”对应的区间是[61, 70]。通过调用 Math.floor ((value - 1) / 10)可以得到最大摄氧量的等级在 levels 数组中对应的索引。

在 onInit()函数的最后，调用自定义函数 getLevelByValue ()，将最大摄氧量作为实参传递给形参 value，以返回最大摄氧量对应的等级。将返回的等级赋值给 data 中的 level。

上述讲解如代码清单 3-142 所示。

代码清单 3-142　report5.js

```
import router from '@system.router'

export default {
    data: {
        isShow: true,
        first: "",
        second: "",
        level: "",
    },
    onInit() {
        let vo2max = this.getRandomInt(1, 70);

        let vo2max_str = vo2max.toString();
        if (vo2max_str.length == 2) {
            this.first = "num-" + vo2max_str[0];
            this.second = "num-" + vo2max_str[1];
        } else {
            this.second = "num-" + vo2max_str;
            this.isShow = false;
        }
```

```
        this.level = this.getLevelByValue(vo2max);
    },
    getRandomInt(min, max) {
        return Math.floor(Math.random() * (max - min + 1) ) + min;
    },
    getLevelByValue(value) {
        let levels = ["超低", "低", "较低", "一般", "高", "优秀", "卓越"];
        let index = Math.floor((value - 1) / 10);
        return levels[index];
    },
    toNextPage(e) {
        ......
    }
}
```

保存所有代码后打开 Previewer，在最大摄氧量页面显示出了页面标题、最大摄氧量及其单位、摄氧量等级水平。运行效果如图 3-121 所示。

图 3-121　最大摄氧量页面

3.33　任务 33：在最大摄氧量页面显示绘制的弧形

3.33.1　运行效果

该任务实现的运行效果是这样的：在最大摄氧量页面中显示 7 个不同颜色的弧形。运行效果如图 3-122 所示。

图 3-122　7 个不同颜色的弧形

3.33.2　实现思路

通过将 progress 组件的 type 属性设置为“arc”来绘制弧形。通过 stack 组件来堆叠其中的子组件，从而分别绘制 7 个不同颜色的弧形。

3.33.3　代码详解

打开 report5.hml 文件。

在最外层 div 组件的外部嵌套一个 stack 组件，这样其中的子组件会按照顺序依次入栈，从而后一个入栈的子组件会堆叠在前一个入栈的子组件的上面。将最外层 div 组件的 onswipe 属性转移到 stack 组件中。

在 stack 组件的内部添加一个 progress 组件，以显示一个进度条。将 class 属性的值设置为“progress”。将 type 属性的值设置为“arc”，以显示一个弧形进度条。将 percent 属性的值设置为“50”，以设置进度条的进度为 50%。添加一个 style 属性，以设置进度条的样式，其中，将颜色 color 设置为#ff0000，并将起始角度 start-angle 设置为 220。起始角度的示意图如图 3-123 所示。

上述讲解如代码清单 3-143 所示。

代码清单 3-143　report5.hml

```
<stack class="stack" onswipe="toNextPage">
    <div class="container" onswipe="toNextPage">
```

```
        ......
    </div>
    <progress class="progress" type="arc" percent="50" style="color:#ff0000; start-angle:220;"/>
</stack>
```

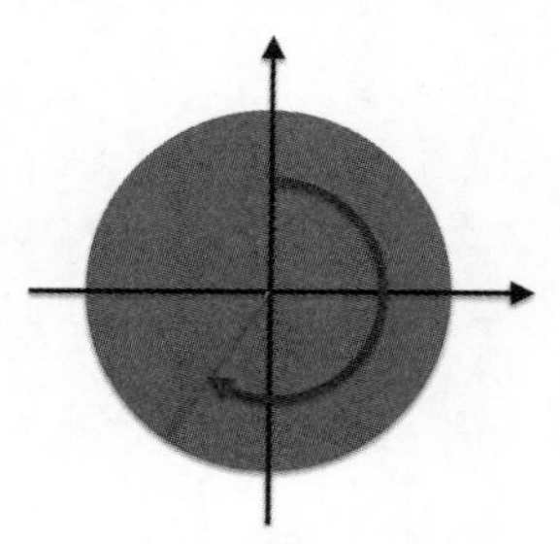

图 3-123　起始角度的示意图

打开 report5.css 文件。

添加一个名为 stack 的类选择器，以设置 report5.hml 中 stack 组件的样式。将 width 和 height 的值都设置为 454px。

添加一个名为 progress 的类选择器，以设置弧形进度条的样式。将 width 和 height 的值都设置为 454px。将 total-angle 的值设置为 40deg，以设置弧形进度条的总角度。将 stroke-width 的值设置为 16px，以设置弧形进度条的宽度。将 radius 的值设置为 227px，以设置弧形进度条所对应圆的半径。将 center-x 和 center-y 的值都设置为 227px，以设置弧形进度条所对应圆心的 x 坐标和 y 坐标。

上述讲解如代码清单 3-144 所示。

代码清单 3-144　report5.css

```
.stack {
    width: 454px;
    height: 454px;
}
.container {
    flex-direction: column;
    justify-content: flex-start;
    align-items: center;
    width: 454px;
    height: 454px;
}
......
.level {
    width: 200px;
    height: 40px;
```

```
    text-align: center;
    margin-top: 30px;
}
.progress {
    width: 454px;
    height: 454px;
    total-angle: 40deg;
    stroke-width: 16px;
    radius: 227px;
    center-x: 227px;
    center-y: 227px;
}
```

保存所有代码后打开 Previewer，在最大摄氧量页面中显示出了一个进度为 50%的弧形进度条。运行效果如图 3-124 所示。

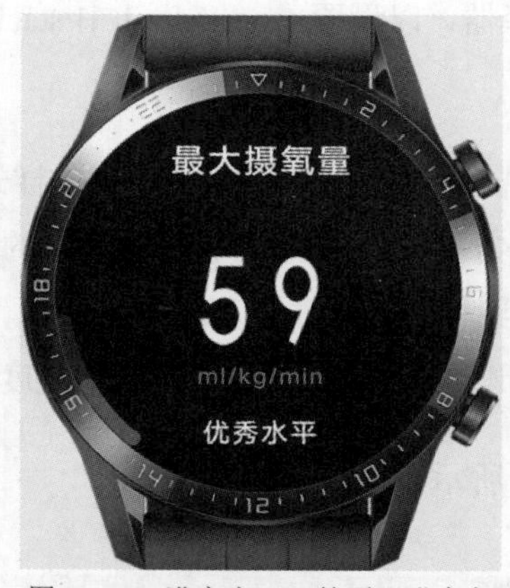

图 3-124　进度为 50%的弧形进度条

打开 report5.hml 文件。

将 progress 组件中 percent 属性的值修改为“100”。在 progress 组件中添加一个 for 属性，通过动态数据绑定的方式设置其属性值为“{{styles}}”。修改 progress 组件中 style 属性的值，将其中 color 样式的值修改为{{$item.color}}，并将其中 start-angle 样式的值修改为{{$item.startAngle}}。

上述讲解如代码清单 3-145 所示。

代码清单 3-145　report5.hml

```
<stack class="stack" onswipe="toNextPage">
    <div class="container">
```

```
        ......
    </div>
    <progress class="progress" type="arc" percent="100" for="{{styles}}" style="color:
{{$item.color}};start-angle:{{$item.startAngle}};"/>
</stack>
```

打开 report5.js 文件。

在 data 中将 styles 占位符初始化为一个数组，该数组中包含 7 个字典，每个字典中都包含一个 key 为 color 的元素和一个 key 为 startAngle 的元素，分别用于指定弧形进度条的颜色和起始角度。

上述讲解如代码清单 3-146 所示。

代码清单 3-146　report5.js

```
import router from '@system.router'

export default {
    data: {
        isShow: true,
        first: "",
        second: "",
        level: "",
        styles: [
            {
                color: "#ff0000",
                startAngle: 220
            },
            {
                color: "#ffa500",
                startAngle: 260
            },
            {
                color: "#ffd700",
                startAngle: 300
            },
            {
                color: "#ffff00",
                startAngle: 340
            },
            {
                color: "#adff2f",
                startAngle: 20
```

```
            },
            {
                color: "#00ffff",
                startAngle: 60
            },
            {
                color: "#4169e1",
                startAngle: 100
            },
        ],
    },
    ......
}
```

保存所有代码后打开 Previewer，在最大摄氧量页面中显示出了 7 个不同颜色的弧形。运行效果如图 3-125 所示。

绘制的 7 段圆弧与表盘有一定的偏差，因此需要对弧形的圆心坐标和半径做一些微调。

打开 report5.css 文件。

经过多次测试，将 radius 的值修改为 220px，将 center-x 的值修改为 224px，将 center-y 的值修改为 229px。

上述讲解如代码清单 3-147 所示。

代码清单 3-147　report5.css

```
......
.progress {
    width: 454px;
    height: 454px;
    total-angle: 40deg;
    stroke-width: 16px;
    radius: 220px;
    center-x: 224px;
    center-y: 229px;
}
```

保存所有代码后打开 Previewer，在最大摄氧量页面中显示出了微调之后的弧形。运行效果如图 3-126 所示。

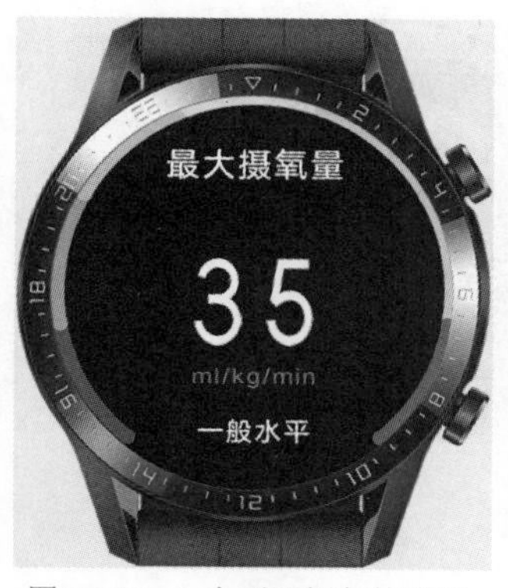

图 3-125 7 个不同颜色的弧形

图 3-126 微调之后的弧形

3.34 任务 34：在最大摄氧量界面的对应弧形和角度上显示星号

3.34.1 运行效果

该任务实现的运行效果是这样的：在最大摄氧量界面的对应弧形和角度上显示星号。运行效果如图 3-127 所示。

图 3-127 显示星号的最大摄氧量界面

3.34.2 实现思路

已知圆心的坐标是（x_0，y_0），圆的半径是 r，圆上某一点 P 的角度是 angle（以 Q 为起点，逆时针时 angle 为负数）。圆的示意图如图 3-128 所示。

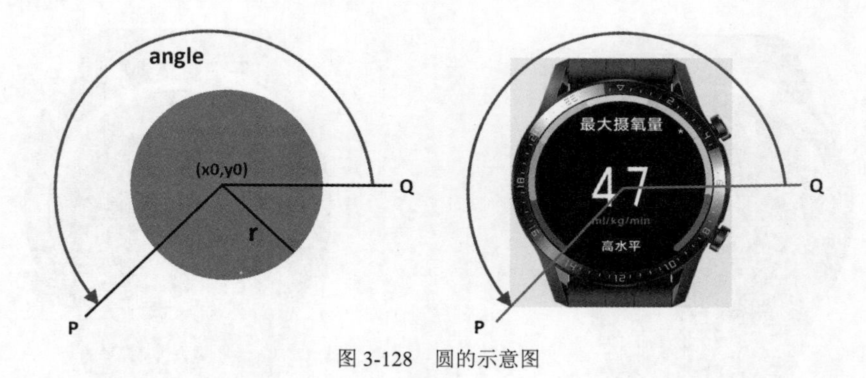

图 3-128　圆的示意图

假设点 P 的坐标是(x, y)，那么 x 和 y 的计算公式为：

$$x = x_0 + r \times \cos(\text{angle} \times \text{PI} / 180)$$

$$y = y_0 + r \times \sin(\text{angle} \times \text{PI} / 180)$$

对于我们绘制的红色背景的第 1 个弧形，如果将该弧形的起始点对应于上图中的 P，那么相应的角度 angle 是−230°。我们绘制的 7 个弧形的总角度是 280°，最大摄氧量是 70ml/(kg · min)，因此每 1 个单位的摄氧量对应的角度是 280° / 70 = 4°。当最大摄氧量的值为 m 时，它在弧形上所对应点的角度 angle = −230 + m × 4。

3.34.3　代码详解

打开 report5.hml 文件。

在 progress 组件的下方添加一个 canvas 组件，以在对应弧形和角度上绘制星号。将 class 和 ref 属性的值都设置为“canvas”。

上述讲解如代码清单 3-148 所示。

代码清单 3-148　report5.hml

```
<stack class="stack" onswipe="toNextPage">
    ......
    <progress class="progress" type="arc" percent="100" for="{{styles}}" style="color:{{$item.
color}}; start-angle:{{$item.startAngle}};"/>
    <canvas class="canvas" ref="canvas">
    </canvas>
</stack>
```

打开 report5.css 文件。

添加一个名为 canvas 的类选择器，以设置 report5.hml 中 canvas 组件的样式。将 width 和 height 的值都设置为 454px。将 background-color 的值设置为 transparent，以让组件 canvas 的背景颜色是透明的。

上述讲解如代码清单 3-149 所示。

代码清单 3-149 report5.css

```
......
.progress {
    width: 454px;
    height: 454px;
    total-angle: 40deg;
    stroke-width: 16px;
    radius: 220px;
    center-x: 224px;
    center-y: 229px;
}
.canvas {
    width:454px;
    height:454px;
    background-color: transparent;
}
```

打开 report5.js 文件。

在页面的生命周期事件函数 onInit()中，根据实现思路中的计算公式计算出星号的坐标。根据多次测试，为了达到最好的显示效果，推荐使用的圆心坐标是（218，218），推荐使用的圆半径是 193。

在页面的生命周期事件函数 onShow()中，通过引用 this.$refs.canvas 获得 report5.hml 中 canvas 组件的对象实例，然后调用 getContext('2d')函数获得 2D 绘图引擎，将其赋值给变量 context。将 context 的 fillStyle 属性设置为“#ffff00”，以将绘制颜色设置为黄色。调用函数 fillText("*" , x, y)在指定的坐标（x, y）处绘制指定的文本“*”。

上述讲解如代码清单 3-150 所示。

代码清单 3-150 report5.js

```
import router from '@system.router'

var x = 0;
```

```
var y = 0;

export default {
    ......
    onInit() {
        ......
        this.level = this.getLevelByValue(vo2max);

        let angle = -230 + vo2max * (280 / 70);
        x = Math.round(218 + 193 * Math.cos(angle * Math.PI / 180));
        y = Math.round(218 + 193 * Math.sin(angle * Math.PI / 180));
    },
    onShow() {
        var context = this.$refs.canvas.getContext("2d");
        context.fillStyle = "#ffff00";
        context.fillText("*" , x, y);
    },
    ......
}
```

保存所有代码后打开 Previewer，在最大摄氧量界面的对应弧形和角度上显示出了星号。运行效果如图 3-129 所示。

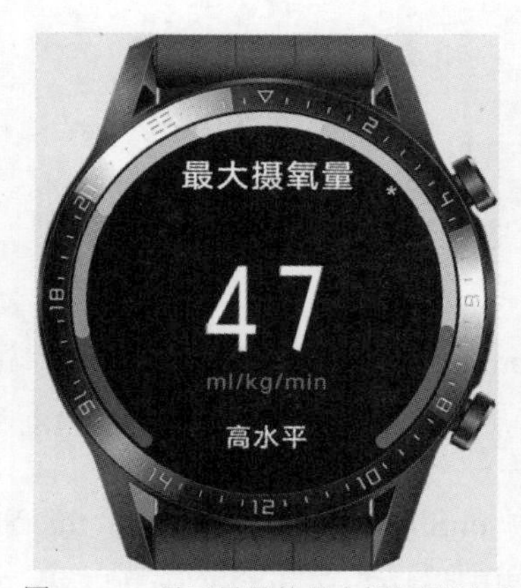

图 3-129　显示星号的最大摄氧量界面

3.35　任务 35：添加学习交流联系方式页面并响应滑动事件

3.35.1　运行效果

该任务实现的运行效果是这样的：在 App 启动后首先显示的是主页面，但是主页面一闪而过，接着显示的是学习交流联系方式页面。运行效果如图3-130所示。

图3-130 学习交流联系方式页面

当在学习交流联系方式页面向左滑动时，首先显示的是主页面，但是主页面一闪而过，接着显示的是学习交流联系方式页面。当在学习交流联系方式页面中向下滑动时，显示的是最大摄氧量页面。当在最大摄氧量页面中向上滑动时，显示的是学习交流联系方式页面。

3.35.2 实现思路

在主页面的生命周期事件函数onInit()中跳转到某个页面，从而间接地将该页面设置为App在启动后显示的第1个页面。在页面的最外层div组件中添加onswipe属性，从而在页面触发滑动事件时自动调用指定的自定义函数。

3.35.3 代码详解

在项目的pages子目录上单击右键，在弹出的菜单中选中New，然后在弹出的子菜单中单击JS Page，以新建一个名为contact的JS页面。该页面将被作为学习交流联系方式页面。

打开contact.hml文件。

将text组件中显示的文本修改为“学习交流联系方式”，以作为页面标题。

上述讲解如代码清单3-151所示。

代码清单 3-151　contact.hml

```
<div class="container">
    <text class="title">
        学习交流联系方式
    </text>
</div>
```

打开 contact.js 文件。

因为在 contact.hml 中没有使用 title 占位符，所以在 contact.js 中删除 title 及其动态数据绑定的值'World'。

上述讲解如代码清单 3-152 所示。

代码清单 3-152　contact.js

```
export default {
    data: {
        title: 'World'
    }
}
```

打开 contact.css 文件。

将 title 类选择器中 width 的值修改为 454px，以让 text 组件中的文本“学习交流联系方式”能够在一行内显示。

上述讲解如代码清单 3-153 所示。

代码清单 3-153　contact.css

```
......
.title {
    font-size: 30px;
    text-align: center;
    width: 454px;
    height: 100px;
}
```

打开 contact.js 文件。

添加一个名为 toNextPage 的自定义函数，并定义一个名为 e 的形参。在函数体中通过 e.direction 的值判断滑动的方向。如果 e.direction 等于字符串“left”，那就跳转到主页面；如果 e.direction 等于字符串“down”，那就跳转到最大摄氧量页面。

从'@system.router'中导入 router。

上述讲解如代码清单 3-154 所示。

代码清单 3-154　report5.js

```
import router from '@system.router'

export default {
    data: {

    } ,
    toNextPage(e) {
        switch(e.direction) {
            case 'left':
                router.replace({
                    uri: 'pages/index/index'
                });
                break;
            case 'down':
                router.replace({
                    uri: 'pages/report5/report5'
                });
        }
    }
}
```

打开 contact.hml 文件。

在最外层的 div 组件中将 onswipe 属性的值设置为自定义的函数名 toNextPage。这样，当用户在学习交流联系方式页面中用手指滑动时，就会触发页面的 onswipe 事件从而自动调用自定义的函数 toNextPage。

上述讲解如代码清单 3-155 所示。

代码清单 3-155　contact.hml

```
<div class="container" onswipe="toNextPage">
   <text class="title">
      学习交流联系方式
   </text>
</div>
```

打开 report5.js 文件。

在 toNextPage()函数中添加一个 case 分支：如果 e.direction 等于字符串“up”，那就跳转到学习交流联系方式页面。

上述讲解如代码清单 3-156 所示。

代码清单 3-156　report5.js

```
import router from '@system.router'

export default {
    ......
    toNextPage(e) {
        switch(e.direction) {
            case 'left':
                router.replace({
                    uri: 'pages/index/index'
                });
                break;
            case 'up':
                router.replace({
                    uri: 'pages/contact/contact'
                });
                break;
            case 'down':
                router.replace({
                    uri: 'pages/report4/report4'
                });
        }
    }
}
```

打开 index.js 文件。

为了方便测试，我们在主页面的生命周期事件函数 onInit()中跳转到学习交流联系方式页面。这样，在 App 启动后我们看到的第 1 个页面就是学习交流联系方式页面。

上述讲解如代码清单 3-157 所示。

代码清单 3-157　index.js

```
......
    onInit() {
```

```
        console.log("主页面的 onInit()正在被调用");

        router.replace({
            uri: 'pages/contact/contact'
        });
    },
......
```

保存所有代码后打开 Previewer，在 App 启动后首先显示的是主页面，但是主页面一闪而过，接着显示的是学习交流联系方式页面。运行效果如图 3-131 所示。

图 3-131　学习交流联系方式页面

当在学习交流联系方式页面中向左滑动时，首先显示的是主页面，但是主页面一闪而过，接着显示的是学习交流联系方式页面。当在学习交流联系方式页面中向下滑动时，显示的是最大摄氧量页面。当在最大摄氧量页面中向上滑动时，显示的是学习交流联系方式页面。

3.36 任务 36：在学习交流联系方式页面中显示二维码并完成项目收尾工作

3.36.1 运行效果

该任务实现的运行效果是这样的：在 App 启动后首先显示的是主页面。在压力占比页面中显示滑动的提示信息，如图 3-132 所示。

在学习交流联系方式页面中显示两个二维码和作者信息，如图 3-133 所示。

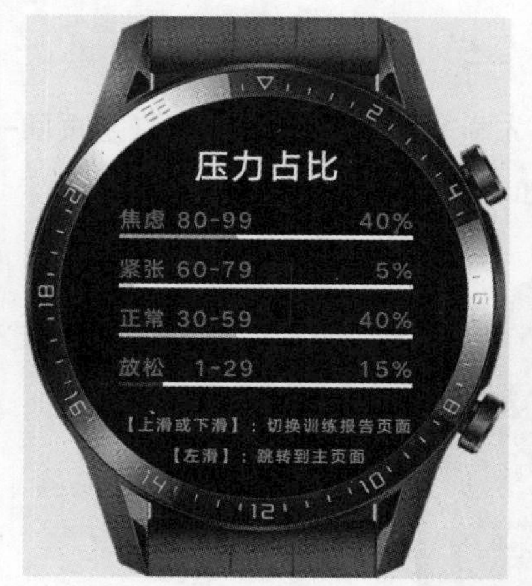

图 3-132　显示滑动提示信息的压力占比页面

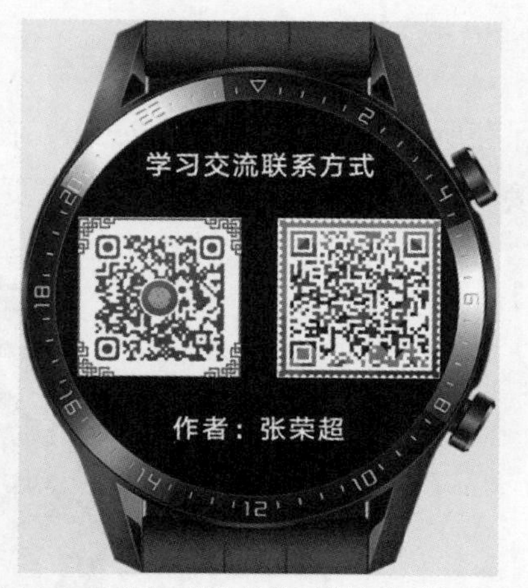

图 3-133　显示二维码的学习交流联系方式页面

3.36.2　实现思路

使用 image 组件显示二维码图片。

3.36.3　代码详解

打开 contact.hml 文件。

在 text 组件的外层嵌套一个 div 组件，以便对其样式进行设置。将该 div 组件的 class 属性的值设置为“title-container”。

在页面标题的下方添加一个 div 组件，以显示两张二维码图片。将 class 属性的值设置为“qrcode-container”。在该 div 组件中添加两个 image 组件，以分别显示两张二维码图片。将 class 属性的值都设置为“qrcode”。将 src 属性的值分别设置为“/common/qrcode1.png”和“/common/qrcode2.png”，以分别指定两张二维码图片在项目中的位置。

在两张二维码图片的下方添加一个 text 组件，以显示作者信息。将 class 属性的值设置为“author”。将显示的文本设置为“作者：张荣超”。

上述讲解如代码清单 3-158 所示。

代码清单 3-158　contact.hml

```
<div class="container" onswipe="toNextPage">
    <div class="title-container">
        <text class="title">
            学习交流联系方式
        </text>
    </div>
    <div class="qrcode-container">
        <image class="qrcode" src="/common/qrcode1.png"/>
        <image class="qrcode" src="/common/qrcode2.png"/>
    </div>
    <text class="author">
        作者：张荣超
    </text>
</div>
```

打开 contact.css 文件。

在 container 类选择器中删除 display、left 和 top 样式。将 flex-direction 的值设置为 column，以在竖直方向上排列容器内的所有组件。将 justify-content 的值修改为 flex-start，以让容器内的所有组件在主轴上向上对齐。

在 title 类选择器中删除 text-align、width 和 height 样式。

添加一个名为 title-container 的类选择器，以设置页面标题的样式。将 justify-content 的值设置为 center，以让容器内的组件在水平方向居中对齐。将 align-items 的值设置为 flex-end，以让容器内的组件在竖直方向向下对齐。将 width 和 height 的值分别设置为 400px 和 100px。

添加一个名为 qrcode-container 的类选择器，以设置两张二维码图片的样式。将 width 和 height 的值分别设置为 400px 和 260px。将 justify-content 的值设置为 space-between，以让容器内的组件在水平方向两端对齐。将 align-items 的值设置为 center，以让容器内的组件在竖直方向居中对齐。

添加一个名为 qrcode 的类选择器，以设置每张二维码图片的样式。将 width 和 height 的值都设置为 180px。

添加一个名为 author 的类选择器，以设置作者信息的样式。将 width 和 height 的值分别设置为 300px 和 50px。将 font-size 的值设置为 30px。将 text-align 的值设置为 center。

上述讲解如代码清单 3-159 所示。

代码清单 3-159　contact.css

```
.container {
    display: flex;
    flex-direction: column;
    justify-content: flex-start;
    align-items: center;
    left: 0px;
    top: 0px;
    width: 454px;
    height: 454px;
}
.title-container {
    justify-content: center;
    align-items: flex-end;
    width: 400px;
    height: 100px;
}
.title {
    font-size: 30px;
    text-align: center;
    width: 454px;
    height: 100px;
}
.qrcode-container {
    width: 400px;
    height: 260px;
    justify-content: space-between;
    align-items: center;
}
.qrcode {
    width: 180px;
    height: 180px;
}
.author {
    width: 300px;
    height: 50px;
    font-size: 30px;
    text-align: center;
}
```

把两张二维码图片 qrcode1.png 和 qrcode2.png 添加到 common 目录中。

保存所有代码后打开 Previewer，在学习交流联系方式页面中显示出了两个二维码和作者信息，如图 3-134 所示。

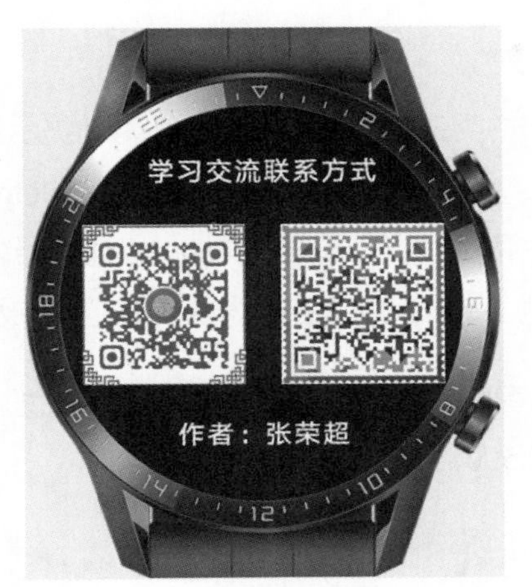

图 3-134　显示二维码的学习交流联系方式页面

接下来，我们在压力占比页面添加滑动的提示信息。

打开 report1.hml 文件。

在 list 组件的下方添加一个 div 组件，以显示滑动的提示信息。将 class 属性的值设置为“tip-container”。在该 list 组件的内部添加两个 text 组件，以分别显示两条滑动提示信息。将 class 属性的值都设置为“tip”。将显示的文本分别设置为相应的滑动提示信息。

上述讲解如代码清单 3-160 所示。

代码清单 3-160　report1.hml

```
<div class="container" onswipe="toNextPage">
    ......
    <list class="state-wrapper">
        ......
    </list>
    <div class="tip-container">
        <text class="tip">
            【上滑或下滑】：切换训练报告页面
        </text>
```

```
        <text class="tip">
            【左滑】：跳转到主页面
        </text>
    </div>
</div>
```

打开 report1.css 文件。

添加一个名为 tip-container 的类选择器，以设置两条滑动提示信息的样式。将 width 和 height 的值分别设置为 400px 和 80px。将 flex-direction 的值设置为 column，以在竖直方向上排列容器内的所有组件。将 justify-content 的值设置为 space-around，以让容器内的所有组件在竖直方向上分散对齐。将 align-items 的值设置为 center，以让容器内的所有组件在水平方向上居中对齐。

添加一个名为 tip 的类选择器，以设置单条滑动提示信息的样式。将 font-size 的值设置为 18px。将 color 的值设置为#ffa500。

上述讲解如代码清单 3-161 所示。

代码清单 3-161　report1.css

```
......
.progress-bar {
    width: 320px;
    height: 5px;
    margin-top: 5px;
}
.tip-container {
    width: 400px;
    height: 80px;
    flex-direction: column;
    justify-content: space-around;
    align-items: center;
}
.tip {
    font-size: 18px;
    color: #ffa500;
}
```

打开 index.js 文件。

为了方便测试，我们在主页面的生命周期事件函数 onInit()中跳转到压力占比页面。这样，在 App 启动后我们看到的第 1 个页面就是压力占比页面。上述讲解如代码清单 3-162 所示。

代码清单 3-162 index.js

```
......
export default {
    ......
    onInit() {
        console.log("主页面的 onInit()正在被调用");

        router.replace({
            uri: 'pages/report1/report1'
        });
    },
    ......
}
```

保存所有代码后打开 Previewer，在压力占比页面中显示出了滑动的提示信息，如图 3-135 所示。

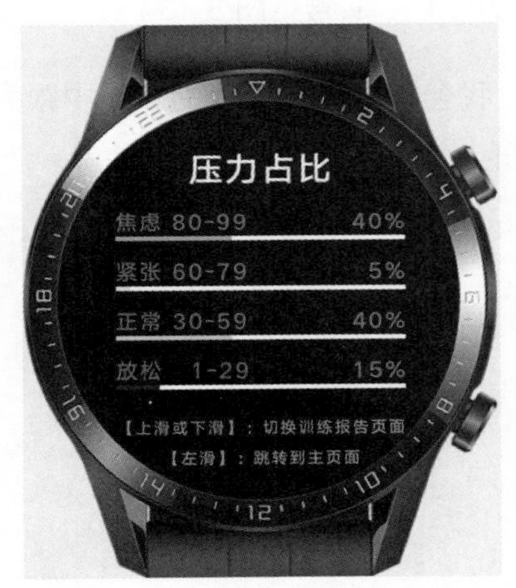

图 3-135 显示滑动提示信息的压力占比页面

打开 index.js 文件。

在主页面的生命周期事件函数 onInit()中删除页面跳转的代码。这样，在 App 启动后我们看到的第 1 个页面是主页面。

上述讲解如代码清单 3-163 所示。

代码清单 3-163 index.js

```
......

export default {
```

```
    ......
    onInit() {
        console.log("主页面的 onInit()正在被调用");

        router.replace({
            uri: 'pages/report1/report1'
        });
    },
    ......
}
```

保存所有代码后打开 Previewer，在 App 启动后首先显示的是主页面。

到此，我们就在鸿蒙智能手表上完成了呼吸训练 App 的全部功能。

亲爱的读者，当你学习到这里的时候，运行在鸿蒙智能手表上的呼吸训练实战项目视频教程已经上线了，快点儿扫码学习吧（二维码见图 3-134）！

随着鸿蒙的不断发展成熟，我会在以上二维码的平台中跟大家分享更多的视频教程，包括搭载了鸿蒙系统的手机、智慧屏、汽车等，敬请大家期待！